建筑施工特种作业人员安全技术培训教材

建筑电工

黑龙江省建设安全协会　主编

中国建材工业出版社

图书在版编目(CIP)数据

建筑电工/黑龙江省建设安全协会主编．--北京：中国建材工业出版社，2022.12

建筑施工特种作业人员安全技术培训教材

ISBN 978-7-5160-3564-1

Ⅰ.①建… Ⅱ.①黑… Ⅲ.①建筑工程－电工技术－安全培训－教材 Ⅳ.①TU85

中国版本图书馆 CIP 数据核字（2022）第 149774 号

建筑电工
Jianzhu Diangong
黑龙江省建设安全协会 主编

出版发行：中国建材工业出版社
地　　址：北京市海淀区三里河路 11 号
邮　　编：100831
经　　销：全国各地新华书店
印　　刷：北京雁林吉兆印刷有限公司
开　　本：850mm×1168mm　1/32
印　　张：9.75
字　　数：240 千字
版　　次：2022 年 12 月第 1 版
印　　次：2022 年 12 月第 1 次
定　　价：**46.00 元**

本社网址：www.jccbs.com，微信公众号：zgjcgycbs
请选用正版图书，采购、销售盗版图书属违法行为
版权专有，盗版必究。本社法律顾问：北京天驰君泰律师事务所，张杰律师
举报信箱：zhangjie@tiantailaw.com 　举报电话：(010) 57811389
本书如有印装质量问题，由我社市场营销部负责调换，联系电话：(010) 57811387

《建筑施工特种作业人员安全技术培训教材》编审委员会

主　　　任：高起生

副 主 任：李守志　于海洋

编委会成员：（按姓氏笔画排序）

丁延生　马洪艳　王　成　王　君
王劲松　申惠中　白　晶　宁　超
冯梓洌　乔红东　刘　波　孙艳红
李宏伟　吴国冻　邱　冬　张国飞
张佳奇　陈世明　赵　川　赵　蕊
高文龙　唐文林　唐家如　曹　博
梁永贵　滕莉莉　鞠浩杨　魏振宇

《建筑电工》编写组名单

主　　编：白　晶

编写成员：孙艳红　关瑞金　马洪艳　翟跃辉
　　　　　任永平　吴国冻　王焕勇

序　　言

　　建筑施工特种作业危险性大，极易对操作者本人、他人及设备、设施的安全造成重大危害，导致伤亡事故。加强建筑施工特种作业人员的专业培训教育，提高特种作业人员技能水平，对防止和减少生产安全事故、保障建筑施工安全生产有重要意义。

　　本系列教材主要依据《住房和城乡建设部关于〈建筑施工特种作业人员管理规定〉的通知》（建质〔2008〕75号）、《关于建筑施工特种作业人员考核工作的实施意见》（建办质〔2008〕41号），按照建筑施工特种作业人员分类、《建筑施工特种作业人员安全技术考核大纲（试行）》，根据《房屋建筑和市政基础设施工程危及生产安全施工工艺、设备和材料淘汰目录（第一批）》的规定，以及建筑施工特种设备实际使用情况，遵循符合实际、注重实效的原则，编写了10本系列教材。其中，《特种作业人员安全生产基本知识》是综合性教材，适用于所有的建筑施工特种作业人员；其余9本为专业性用书，分别适用于建筑电工、普通脚手架架子工、附着式升降脚手架架子工、建筑起重司索信号工、塔式起重机司机、塔式起重机安装拆卸工、施工升降机司机、施工升降机安装拆卸工、高处作业吊篮安装拆卸工。

　　本系列教材主要用于建筑施工特种作业人员的技术培训和指导考核，也可作为专业院校和有关培训机构的建筑施工安全教学用书。本教材虽经反复推敲，仍难免有不妥之处，敬请广大读者提出宝贵意见。

本系列教材主编单位： 黑龙江省建设安全协会
本系列教材参编单位： 中建三局集团有限公司
中建铁路投资建设集团有限公司
中建铁投轨道交通建设有限公司
中建铁投科技工程有限公司
中建六局水利水电建设集团有限公司
中国建筑第八工程局有限公司
黑龙江省黑建一建筑工程有限责任公司
哈尔滨哈飞建筑安装工程有限责任公司
华润置地（哈尔滨）房地产开发有限公司
哈尔滨万科企业有限公司
深圳（哈尔滨）产业园投资开发有限公司
黑龙江中阳建设工程监理有限公司

编审委员会
2022 年 4 月

前 言

为进一步提高建筑施工特种作业人员安全生产知识水平，不断提升安全生产意识和自我保护能力，确保取得"建筑施工特种作业操作资格证书"人员具备独立从事相应工作的能力，我们编写了《建筑电工》一书。

建筑电工在施工作业活动中作为特种作业人员中的一个重要成员，从事着对本人、他人及设备设施可能造成重大安全危害的作业。因此，结合其工作的特殊性，在编写本教材时，充分研究了他们的文化水平、理解能力、接受能力和岗位职责，本着"深入浅出、图文并茂、指导实践"的原则，突出针对性、专业性、实用性和知识性。本书分上篇、下篇，包括施工现场安全用电基础知识，电气基础知识，常用电器元件，三相交流电动机，施工现场临时用电专业技术理论，配电线路的选择、敷设和维护，施工现场临时用电系统的设置，电工仪表、检测仪器及常用工具，施工现场临时用电的检测，施工现场临时用电系统及电气设备故障的排除，建筑电工安全技术操作规程，共十一章内容。

由于编写时间仓促，编者水平有限，书中难免存在疏漏和不足，敬请读者予以指正。

编 者
2022 年 4 月

目 录

上篇 专业技术理论

第一章 施工现场安全用电基础知识 ………………………… 3
- 第一节 施工现场临时用电的特点 ………………………… 3
- 第二节 施工现场临时用电的危害 ………………………… 4
- 第三节 人体触电的类型 …………………………………… 5
- 第四节 施工现场临时用电安全技术规范 ………………… 6
- 第五节 临时用电的基本专业术语、代号 ………………… 7
- 第六节 施工现场临时用电安全管理规定 ………………… 10

第二章 电气基础知识 ……………………………………… 13
- 第一节 电流 ………………………………………………… 13
- 第二节 电压 ………………………………………………… 15
- 第三节 电阻 ………………………………………………… 16
- 第四节 电功和电功率 ……………………………………… 17
- 第五节 直流电路 …………………………………………… 18
- 第六节 交流电路 …………………………………………… 21
- 第七节 安全电压 …………………………………………… 26

第三章 常用电器元件 ……………………………………… 27
- 第一节 基本知识 …………………………………………… 27

第二节　常用电器元件的结构及作用 …………………… 29

第四章　三相交流电动机 ……………………………………… 61
　　第一节　电动机及其分类 …………………………………… 61
　　第二节　三相交流电动机的构造 …………………………… 62
　　第三节　三相交流电动机使用及其保养 …………………… 65

第五章　施工现场临时用电专业技术理论 …………………… 69
　　第一节　基本用电保护系统 ………………………………… 69
　　第二节　施工现场临时用电 TN-S 系统 …………………… 73
　　第三节　施工现场常用机械设备的电气应用 ……………… 78
　　第四节　施工现场临时用电组织设计 ……………………… 83
　　第五节　施工现场配电装置的选择、安装和维护 ………… 89
　　第六节　照明线路敷设和照明装置的设置 ………………… 101
　　第七节　外电防护、防雷 …………………………………… 113
　　第八节　施工现场临时用电安全技术档案 ………………… 123
　　第九节　电气防火措施 ……………………………………… 127
　　第十节　施工现场临时用电常见事故处置方法 …………… 131

下篇　安全操作技能

第六章　配电线路的选择、敷设和维护 ……………………… 145
　　第一节　熟悉电源线和电缆线的基本情况 ………………… 145
　　第二节　常用电源线的选择与敷设 ………………………… 151

第七章　施工现场临时用电系统的设置 ……………………… 162
　　第一节　配电室的设置 ……………………………………… 162
　　第二节　总配电箱的设置 …………………………………… 164

第三节　分配电箱的设置…………………………… 166
第四节　开关箱的设置……………………………… 167
第五节　电源线的连接……………………………… 168
第六节　重复接地与保护接零的部位与接线方法…… 185
第七节　防雷装置的设置…………………………… 198

第八章　电工仪表、检测仪器及常用工具……………… 203

第一节　电工仪表的基本知识……………………… 203
第二节　电工仪表的分类…………………………… 205
第三节　电工仪表的工作原理……………………… 206
第四节　常用电工工具……………………………… 221

第九章　施工现场临时用电的检测……………………… 235

第一节　漏电保护器测试仪的操作………………… 235
第二节　接地电阻测试……………………………… 242
第三节　绝缘电阻测试……………………………… 260

第十章　施工现场临时用电系统及电气设备故障的排除… 276

第一节　临时用电系统的故障及排除……………… 276
第二节　施工现场临时用电电气设备的故障……… 280
第三节　电气故障产生的原因……………………… 281
第四节　临时用电系统故障及电气设备故障的
　　　　排除……………………………………… 283

第十一章　建筑电工安全技术操作规程………………… 286

第一节　临时用电操作人员………………………… 286
第二节　配电室……………………………………… 287
第三节　配电装置…………………………………… 288
第四节　临时用电配电线路………………………… 288

第五节　控制设备及接地与接零……………………… 291
　　第六节　配电箱与开关箱的维护……………………… 292
　　第七节　照明…………………………………………… 293
　　第八节　自备电源……………………………………… 294
　　第九节　安全检测记录和电工维修记录……………… 295

参考文献………………………………………………… 297

上 篇
专业技术理论

第一章　施工现场安全用电基础知识

第一节　施工现场临时用电的特点

建筑工程施工的特点决定了施工现场临时用电的特殊性，形成了与工业用电、农业用电、商业用电、居民用电不同的特点。因此，建筑电工应掌握施工现场临时用电的特点。

一、使用临时性

临时用电是工程施工前通过专项设计、设置，并维护至工程项目交工后拆除的一个使用周期的临时用电系统。

二、使用周期长

相比其他施工机械设备，临时用电最早进入施工现场，待工程项目正式交工后，最后拆除并撤离施工现场。

三、系统复杂性

随着工程项目规模的不断扩大，施工机械化程度的不断提高，各种施工机械设备数量不断增多，临时用电的配电系统要为施工现场的生活区域、办公区域、作业区域、加工区域等提供动力用电与照明用电。

四、使用多变性

临时用电是随着施工机械的周期性和移动性而发生变化

的，如基础施工阶段、主体施工阶段、装饰施工阶段的临时用电，在使用形式、使用位置以及用电防护方面的要求各不相同，对施工现场临时用电提出了用电形式变化的要求。

五、电器部件易损

配电箱、隔离开关、漏电保护器、电源线等电气设备，相比其他施工机械设备"休息"时间短，特别是在工期进度紧张阶段，歇人不歇机械的现象比较普遍。所以，电气设备老化速度快、主要电器部件损坏率高。

六、使用环境恶劣

临时用电设备设施绝大多数露天设置，长时间受到风沙、雨雪、雷电、灰尘和腐蚀物质等介质的影响。

七、使用人员安全意识差

临时用电主要是施工人员使用，而大部分施工人员文化水平低、安全用电技能欠缺、自我防护意识差，不但容易损坏电气设备，而且还会给自身带来伤害。

第二节 施工现场临时用电的危害

一、触电伤害事故

施工现场临时用电系统，未按照现行《施工现场临时用电安全技术规范》JGJ 46 规定的 TN-S 接零保护系统进行设置，系统在失去接零保护和漏电断路器保护的状态下，人体接触到带电体之后，可能发生触电伤害事故。

例如：脚手架带电，会造成脚手架上的作业人员触电；楼板或墙面的钢筋带电，会造成接触钢筋的施工人员触电，

第一章　施工现场安全用电基础知识

特别是钢筋绑扎过程或混凝土浇筑过程中，易造成群体触电事故。

二、电气火灾事故

在临时用电系统运行过程中，配电线路的设计或设置不合理，可能引发短路或线路过载等用电故障，产生的电弧或线路过热，会引起火灾。如果扑救不及时，火势迅速蔓延导致大面积火灾。如果明火遇到易燃、易爆品，易引发爆炸事故。所以，电气火灾不但会造成人员伤害，而且还会造成重大财物损失，导致重大生产安全事故。

第三节　人体触电的类型

人体触电是指超过安全电流强度的电流从人体通过，使人体产生病理生理效应。施工现场人体触电的形式，主要分为单相触电（图 1-1）、两相触电（图 1-2）和跨步电压（地面上 0.8m 一步的两点之间，因接地短路电流而造成的电压）触电（图 1-3）。

图 1-1　单相触电　　图 1-2　两相触电　　图 1-3　跨步电压触电

施工现场的触电事故大多情况是单相触电事故，通常是由于带电钢构件、开关、导线及施工机械防护措施缺陷而造成的人体触电事故。

5

第四节 施工现场临时用电安全技术规范

为了有效地防止施工现场意外触电伤害事故的发生，保障施工人员的人身安全，施工现场临时用电必须严格遵守现行《施工现场临时用电安全技术规范》JGJ 46 [图 1-4 (a)] 的要求，并且不得违反现行《建设工程施工现场供用电安全规范》GB 50194 [图 1-4 (b)] 的有关规定。该现行标准针对施工现场的特点而编制，是一个适用性很强的施工现场临时用电安全技术规范，同时又是一个以防范触电伤害为目的的规范性技术文件。

(a)　　　　　　　　(b)

图 1-4　施工现场临时用电规范

《施工现场临时用电安全技术规范》JGJ 46—2005 是 2005 年 7 月中华人民共和国建设部批准实施，适用于新建、改建和扩建的工业与民用建筑和市政基础设施，以及施工现场临时用电工程中的电源中性点直接接地的 220/380V 三相四线低压电力系统的设计、安装、使用、维修和拆除。该规范共分 10 章，其中强制性条文共 25 条。

《建设工程施工现场供用电安全规范》GB 50194—2014 是 2015 年 1 月中华人民共和国住房和城乡建设部批准实施，适用于一般工业与民用建设工程，施工现场电压在 10kV 及以下的供用电设施的设计、施工、运行、维护及拆除，不适用于水下、井下和矿井等工程。该规范共分 13 章，其中强制性条文共 7 条。

根据施工现场的实际情况，结合两个规范的适用范围，以及行业标准与国家标准的严格程度，施工现场临时用电的设计与设置和使用，应首选现行《施工现场临时用电安全技术规范》JGJ 46 作为指导性技术文件，并在实际操作中严格执行。

第五节 临时用电的基本专业术语、代号

临时用电的基本专业术语、代号是建筑电工必须掌握的基础知识，根据现行《施工现场临时用电安全技术规范》JGJ 46 的有关规定，基本专业术语、代号有以下内容。

一、基本专业术语

(1) 低压：交流额定电压在 1kV 及以下的电压。

(2) 高压：交流额定电压在 1kV 以上的电压。

(3) 外电线路：施工现场临时用电工程配电线路以外的电力线路。

(4) 有静电的施工现场：存在因摩擦、挤压、感应和接地不良等而产生对人体和环境有害静电的施工现场。

(5) 强电磁波源：辐射波能够在施工现场机械设备上感应产生有害对地电压的电磁辐射体。

(6) 接地：设备的一部分形成导电通路与大地的连接。

(7) 工作接地：为了电路或设备达到运行要求的接地，如变压器低压中性点和发电机中性点的接地。

(8) 重复接地：设备接地线上一处或多处通过接地装置与大地再次连接的接地。

(9) 接地体：埋入地中并直接与大地接触的金属导体。

(10) 人工接地体：人工埋入地中的接地体。

(11) 自然接地体：施工前已经埋入地中，可兼作接地体用的各种构件，如钢筋混凝土基础的钢筋结构、金属井管、金属管道（非燃气）等。

(12) 接地线：连接设备金属结构和接地体的金属导体（包括连接螺栓）。

(13) 接地装置：接地体和接地线的总和。

(14) 接地电阻：接地装置的对地电阻。它是接地线电阻、接地体电阻、接地体与土壤之间的接触电阻和土壤中的散流电阻之和。接地电阻可以通过计算或测量得到它的近似值，其值等于接地装置对地电压与通过接地装置流入地中电流之比。

(15) 工频接地电阻：按通过接地装置流入地中工频电流求得的接地电阻。

(16) 冲击接地电阻：按通过接地装置流入地中冲击电流（模拟雷电流）求得的接地电阻。

(17) 电气连接：导体与导体之间直接提供电气通路的连接（接触电阻近于零）。

(18) 带电部分：正常使用时要被通电的导体或导电部分，包括中性导体（中性线），不包括保护导体（保护零线或保护线），按惯例也不包括工作零线与保护零线合一的导线（导体）。

(19) 外露可导电部分：电气设备能触及的可导电部分。它在正常情况下不带电，但在故障情况下可能带电。

（20）触电（电击）：电流流经人体或动物体，使其产生病理生理效应。

（21）直接接触：人体、牲畜与带电部分的接触。

（22）间接接触：人体、牲畜与故障情况下变为带电体的外露可导电部分的接触。

（23）配电箱：一种专门用作分配电力的配电装置，包括总配电箱和分配电箱，如无特指，总配电箱、分配电箱合称配电箱。

（24）开关箱：末级配电箱装置的统称，亦可兼作用电设备的控制装置。

（25）隔离变压器：指输入绕组与输出绕组在电气上彼此隔离的变压器，用以避免偶然同时触及带电体（或因绝缘损坏而可能带电的金属部件）和大地所带来的危险。

（26）安全隔离变压器：为安全特低电压电路提供电源的隔离变压器。它的输入绕组与输出绕组在电气上至少由相当于双重绝缘或加强绝缘的绝缘隔离开来。它是专门为配电电路、工具或其他设备提供安全特低电压而设计的。

二、基本专业术语代号

（1）DK：电源隔离开关。

（2）H：照明器。

（3）L_1、L_2、L_3：三相电路的三相相线。

（4）M：电动机。

（5）N：中性点、中性线、工作零线。

（6）PEN：具有中性和保护线两种功能的接地线，又称保护中性线。

（7）PE：保护零线、保护线。

（8）RCD：漏电保护器、漏电断路器。

（9）T：变压器。

(10) TN：电源中性点直接接地时，电气设备外露可导电部分通过零线接地的接零保护系统。

(11) TN-C：工作零线与保护零线合一设置的接零保护系统。

(12) TN-C-S：工作零线与保护零线前一部分合一，后一部分分开设置的接零保护系统。

(13) TN-S：工作零线与保护零线分开设置的接零保护系统。

(14) TT：电源中性点直接接地，电气设备外露可导电部分直接接地的接地保护系统，其中电气设备的接地点独立于电源中性点接地点。

(15) W：电焊机。

第六节 施工现场临时用电安全管理规定

一、实行"三级配电、二级漏电保护和TN-S接零保护"系统

结合施工现场临时用电实际情况，根据现行《施工现场临时用电安全技术规范》JGJ 46 的规定，保证临时用电的安全可靠并防止发生用电事故，必须满足"三个系统"基本要求，即采用 TN-S 接零保护系统、三级配电系统、二级漏电保护系统。

(1) TN-S 接零保护系统：是指工作零线与保护零线分开设置的接零保护系统。

(2) 三级配电系统：是指总配电箱、分配电箱和开关箱三级设置，并实行分级配电。

(3) 二级漏电保护系统：是指在总配电箱和开关箱中分别安装漏电保护装置。

二、建筑电工必须经过培训考核持证上岗

施工现场临时用电的安装、迁移、维修和拆除，必须按照《关于建筑施工特种作业人员考核工作的实施意见》（建办质〔2008〕41号）规定，经过培训并考核合格，由获得并持有"建筑施工特种作业操作资格证书"的建筑电工操作，其他人员不得从事相关操作。

三、其他基本要求

（1）不得在高、低压线路下方搭设作业棚、临时设施，不得堆放施工材料、构件以及其他杂物。必须设置时一定要搭设满足现行规范要求的绝缘安全防护棚。

（2）临时用电危险部位，应按照现行《建筑工程施工现场标志设置技术规程》JGJ 348规定，设置相应的安全警示标志。

（3）地埋敷设的电缆线必须标识清晰，任何人不得随意挪动、拆除。

（4）使用电气设备前，操作人员应按规定穿戴相应的劳动防护用品，检查电气装置和保护设施是否完好。开关箱使用完毕后，应立即断电上锁。

（5）严禁攀爬并随意拆除外电防护设施，严禁损坏各类电气设备。发现电气设备损坏，必须立即报告现场安全管理人员，严禁"带病"使用。

（6）施工现场停止作业1h及以上时，应将开关箱断电上锁。

（7）搬运钢管、钢筋等较长的金属施工材料时，要注意与电源线之间的安全距离，防止触碰电源线。

（8）移动金属梯子或金属操作平台时，要保证与架空线路之间有足够的安全距离，确认安全后方可移动。

（9）在临近架空线路的建筑物上作业时，严禁高处抛物或者触摸、拉动电源线、固定电线杆的拉线等。

（10）人员及容易导电物体与外电架空线路边线的最小安全距离应满足现行规范要求，不能满足要求时，必须设置符合现行规范要求的防护隔离措施。

（11）严禁人员踩踏电源线，严禁车辆、施工机械、器材和施工材料堆放在电源线上。

（12）移动施工机械设备时必须先断电，严禁带电迁移。

（13）照明灯具的安装设置必须符合防火规定和安装高度要求。

（14）严禁在带电的架空电源线上晾晒衣服、被褥和悬挂其他物品。

第二章 电气基础知识

第一节 电 流

一、电流的概念

科学上把单位时间里通过导体任一横截面的电量叫作电流强度,简称电流。电流强度是标量,用字母 I 表示。

在电路中,电荷的定向移动形成了电流。物理学中规定,以正电荷移动的方向作为电流的正方向。在闭合电路中,电流的正方向:电流从电源正极流出,通过导线、开关流入负载后回到电源的负极。灯泡中电流运动的方向如图 2-1 所示。

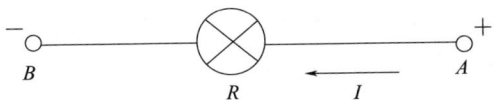

图 2-1 灯泡中电流运动的方向

在导体中电流的方向总是沿着电场方向从高电势处指向低电势处。在国际单位制(SI)中,电流强度的单位是安培(A),它是 SI 中的七个基本单位之一。

二、电流的分类

电流分成直流电流和交流电流两大类。

直流电流:是指电流的方向不随时间变化的电流。例如,普通电池、太阳能电池、核电池、温差电池中的电流是直流电流,用字母"DC"或"—"表示。工作原理如图 2-2 所示。

交流电流:是指电流的大小和方向随时间做周期性变化的电流。例如,发电厂、发电机给出的电流是交流电流,用字母"AC"或"～"表示。工作原理如图 2-3 所示。

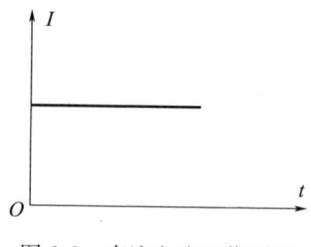

图 2-2 直流电流工作原理　　图 2-3 交流电流工作原理

三、电流强度的单位及计算公式

由于电流所产生的效果具有不同的强度,这样就形成了电流强度的概念。电流强度简称电流,是用单位时间内通过导体横截面的电量多少来度量的。

电流强度的基本单位是安培,用字母表示为 A(安培),常用单位还有 kA(千安)、mA(毫安)、μA(微安)等,换算关系是:$1kA=1000A$,$1A=1000mA$,$1mA=1000\mu A$。电流计算公式如下:

$$I=P\div U=Q\div t=U\div R$$

式中　I——电流强度(单位"安培",用 A 表示);

Q——电量(单位"千瓦时",用 kW·h 表示);

t——时间(单位"秒",用 s 表示);

U——电压(单位"伏特",用 V 表示);

R——电阻(单位"欧姆",用 Ω 表示);

P——功率(单位"瓦特",用 W 表示)。

从理论上来讲计算电流的公式有多个,但在实际中利用功率与电压的关系计算电流是最简便的。因为日常生活与生产中的电压是大家熟知的220V、380V,而用电设备的功率被标注在铭牌上,所以计算电流时知道用电设备的功率即可。比如:100W灯具的电流$I=P\div U=100W\div 220V\approx 0.45A$。需要指出的是:功率一定,电压越高,电流就会越小,电线截面面积也越小,反之则相反。

第二节 电 压

一、电压的概念

电压(voltage)也被称作电势差或电位差,是衡量单位电荷在静电场中由于电势不同所产生的能量差的物理量。如电灯泡的电压是220V,也就是说电源加在灯丝两端的电压是220V(图2-4)。

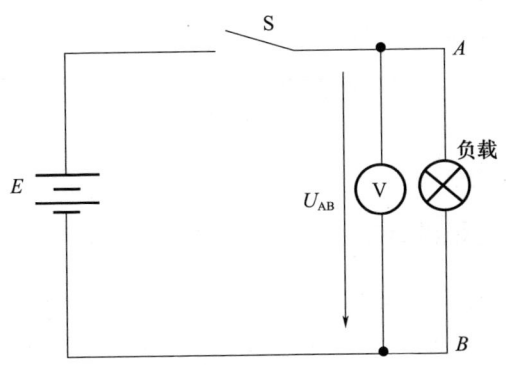

图2-4 电压示意图

需要指出的是:"电压"一词一般只用于电路中,"电势差"和"电位差"则普遍应用于一切电现象中。

二、电压的单位及计算公式

电压用大写字母 U 表示，基本单位是 V（伏），常用单位还有 kV（千伏）、mV（毫伏）、μV（微伏）等，换算关系为：1kV＝1000V，1V＝1000mV，1mV＝1000μV。电压计算公式如下：

$$U = I \times R = W \div Q = P \div I$$

式中　U——电压（单位"伏特"，用 V 表示）；
　　　I——电流强度（单位"安培"，用 A 表示）；
　　　R——电阻（单位"欧姆"，用 Ω 表示）；
　　　W——功（单位"焦耳"，用 J 表示）；
　　　Q——电量（单位"千瓦时"，用 kW·h 表示）；
　　　P——功率（单位"瓦特"，用 W 表示）。

第三节　电　　阻

一、电阻的概念

在电工学中，通常将具有良好导电性能的物体称为导体，将导电性能差的物体称为绝缘体，导体对电流的阻碍作用叫作电阻。

二、电阻的单位及计算公式

导体的电阻单位为 Ω（欧姆），常用单位还有 kΩ（千欧）、MΩ（兆欧）等，换算关系为：1MΩ＝1000kΩ，1kΩ＝1000Ω。电阻计算公式如下：

$$R = \rho \times L \div S = U \div I$$

式中　R——电阻（单位"欧姆"，用 Ω 表示）；
　　　L——导体长度（单位"米"，用 m 表示）；

S——导体截面面积（单位"平方毫米"，用 mm² 表示）；

ρ——电阻率（单位"欧姆·米"，用 Ω·m 表示）；

U——电压（单位"伏特"，用 V 表示）；

I——电流强度（单位"安培"，用 A 表示）。

在 SI 中，当电路两端的电压为 1V、通过的电流为 1A 时，该段电路的电阻为 1Ω。电阻图形符号如图 2-5 所示。

(a) 固定式　　　　　　(b) 可变式

图 2-5　电阻图形符号

不同的材料对电流的阻碍作用大小不同，截面面积 1mm²、长度 1m 的某种导体的电阻值叫作电阻率。材料的电阻率越小，对电流的阻碍作用就越小。导体的电阻除了跟导体的材料有关，还跟导体横截面面积的大小和长度有关，其他条件一定时，横截面面积越大则电阻越小，导体越长则电阻越大。

三、电阻的特性

不同材质的导体，其电阻率不同；同一种材料的导体，其电阻率还与温度有关，即一般金属材料，温度升高则导体电阻亦增加。

第四节　电功和电功率

一、电功与电功率的概念

（1）电流所做的功叫作电功。

（2）电功率是电流在单位时间内所做的功。

二、电功与电功率的单位及计算公式

(1) 电功的单位为焦耳 (J),计算公式如下:
$$W = I \times U \times t$$

(2) 电功率的单位是瓦特,简称瓦 (W),计算公式如下:
$$P = W \div t = U \times I$$

式中　P——电功率(单位"瓦",用 W 表示);

　　　W——功(单位"焦耳",用 J 表示);

　　　t——时间(单位"秒",用 s 表示);

　　　U——电压(单位"伏特",用 V 表示);

　　　I——电流强度(单位"安培",用 A 表示)。

第五节　直流电路

一、电路

(一) 电路的概念

电路是由若干个具有一定功能的元件或器件组成的一个电流的通路。

(二) 电路的组成

电路一般由电源、负载(负荷)及中间环节(导线、开关)等基本部分组成。例如,用导线将一个小灯泡的两端分别与一节干电池的正、负极连接起来,就构成一个最简单的电路,如图 2-6 所示。其中,干电池是电能的供给者,称作电路的电源;小灯泡是消耗电能的,称作电路的负载。连接导线后,可将电能由电源运送到负载。电灯、电炉、继电器及电动机等都是电路的负载,它们分别将电源传送给它们的电能转变为光能、热能或机械能。在用电系统中,电路起着传输和转换电能的作用。

图 2-6　最简单的电路

（三）电路的状态

电路通常有三种状态：通路、开路和短路。

（1）通路：电路中的开关闭合，负载中有电流通过。这种状态一般为正常工作状态。

（2）开路：也称为断路，是指电路中某处断开或电路中开关打开，负载（电路）中无电流通过。

（3）短路：电源两端的导线由于某种情况而直接相连，使负载中无电流通过。短路时电源向导线提供的电流比正常时高十至几百倍。短路是严重的事故隐患。

二、直流电路的概念

电压和电流的大小及方向不随时间变化而变化的电路，叫作直流电路。

如图 2-7 所示是一个最简单的有源直流电路。该电路有一个电源，一个负载，电源为 E，电阻为 R_0，负载电阻为 R。

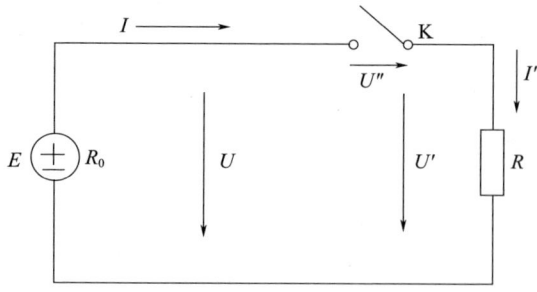

图 2-7 最简单的有源直流电路

三、串联电路

由多个外负载电阻互相串联的电路,叫作串联电路,如图 2-8 所示。

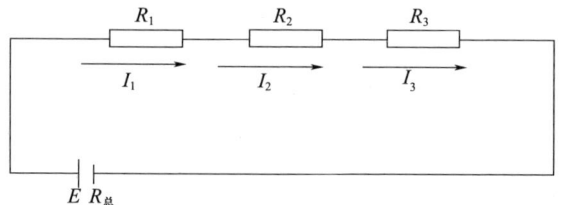

图 2-8 串联电路

串联电路的特点如下:
(1) 流过每个电阻的电流相等, $I_1=I_2=I_3$。
(2) 电路总电压等于各分路电压之和, $U_总=U_1+U_2+U_3$。
(3) 电路的总电阻等于各分电阻之和, $R_总=R_1+R_2+R_3$。

四、并联电路

将多个电阻首端连在一起,末端也连在一起的方式,叫作电阻的并联。

并联电路（图 2-9）的特点如下：
(1) 并联电路中各电阻两端电压相等，$U=U_1=U_2=U_3$。
(2) 电路中总电流等于各分电流之和，$I=I_1+I_2+I_3$。
(3) 并联电路等效电阻的倒数之和等于各并联支路电阻倒数之和，$1/R=1/R_1+1/R_2+1/R_3$。

图 2-9　并联电路

五、混联电路

既有电阻串联又有电阻并联的电路，称为混联电路。

图 2-10 所示的混联电路可以按串联或并联电路的特点进行简化。如 R_1 与 R_2 串联，R_3 与 R_4 串联。可用串联电路的特点简化成图 2-11 所示电路，电路由两个并联电阻组成。

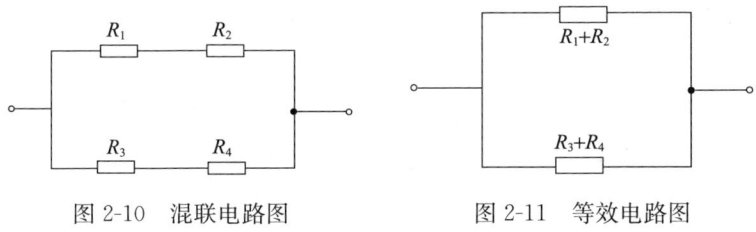

图 2-10　混联电路图　　图 2-11　等效电路图

第六节　交流电路

在前面我们介绍过，交流电流是指电流的大小和方向随时间做周期性变化的电流。

一、交流电路的概念

电压或电流的大小和方向随时间的变化做周期性变化的电路，叫作交流电路。

交流电路中电流、电压按一定规律循环变化，经过相同的时间后，又重复原来的变化规律，这种交流电叫作周期性交流电。

周期性交流电中应用最广泛的是按正弦规律变化的交流电，称为正弦交流电。

二、正弦交流电的大小

（1）瞬时值：正弦交流电在变化过程中，任意时刻的数值称为正弦交流电的瞬时值，用小写符号 e、u、i 表示。

（2）最大值：正弦交流电的最大值又称振幅值，也可称为峰值，指在交流电变化过程中，正弦交流电出现的最大瞬时值，用符号 E_m、U_m、I_m 表示。

（3）有效值：在工程应用时，正弦交流电的大小用有效值表示，它是根据正弦交流电与直流电流的热效应相等来定义的。

一个交流电流和一个直流电流分别通过同一电阻，如果经过相同的时间产生同样的热量，则这个直流电流的数值等效为这个交流电流的有效值。有效值用大写符号 E、U、I 表示。

三、正弦交流电的"三要素"

简单地说，正弦交流电的"三要素"是指角频率、最大值、初相位（初相）。

（1）单位时间内变化的电角度为角频率。

（2）交流电在一个周期中所出现的最大瞬时值，叫作交流电的最大值。如图 2-12（b）所示。

（3）在交流电的表达式中，$\omega t + \varphi$ 叫作初相位。初相位一般用 φ 表示，如图 2-12（c）所示，图中 i_1 的初相位为 φ_1，i_2 的初相位为 φ_2。初相位表示交流电在计时起点时刻的起始变化趋势，它对描述同频率的几个正弦量间的相互关系是非常重要的。

正弦交流电的三要素如图 2-12 所示。正弦交流电随时间的变化可快可慢。为了衡量交流电变化的快慢，常用周期（T）或频率（f）来表示。在图 2-12（a）中，交流电由 0 变化到 a 所需的时间就是一个周期。在我国工频交流电的周期是 0.02s，一个周期对应的电角度是 2π 或 $360°$。1s 内交流电重复变化的次数叫频率，单位是赫兹（Hz）。

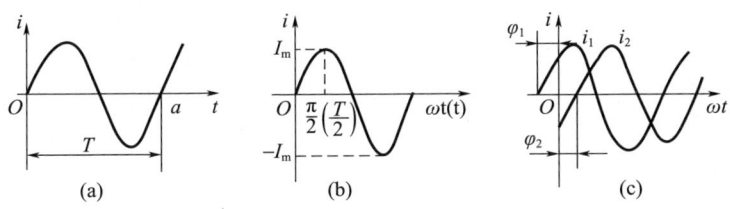

图 2-12　正弦交流电三要素

四、交流电的基本知识

（一）单相交流电和三相交流电

在交流电中有单相交流电和三相交流电两种。

生活中的 220V 交流电就是单相交流电。由于交流电的瞬时值每一时间都是在变化的，所以用波形图表示时就为一条正弦波，有最大值、最小值以及在通过零点时为零值。为了表述这一变化值，我们通常都将其有效值作为该正弦波的幅值表述，因此 220V 电压代表的就是该正弦波的有效值是 220V。

三相交流电是指三相电压值相等而相位在空间角度互差120°电角度的电量。在供电线路中一般有三相三线制、三相四线制、三相五线制等接线方式。它们之间的区别是：三相三线制只是将三相交流电引入用电设备；三相四线制是将系统中的中性线也就是 N 工作零线也引入用电设备；三相五线制是将系统中的 PE 保护零线引入用电设备。日常生活中多为三相四线制，民用 220V 电就是取自三相中的任意一相与系统 N 零线之间的电压。由于民用用电系统多将中性线（N 零线）接地，因此 N 零线与大地是等电位的，通常将大地作为零电位，所以中性线也常被人们俗称为"零线"。零线与接地点连接良好时"零线"中的电压为"零"，所以人们常把带电的相线称为"火线"，把 U、V、W 称为三相，相与相之间的电压是线电压，为 380V，相与中性线之间的电压为相电压，为 220V。

在交流电中，电压和电流的瞬时值是在交变的，为了进行大小比较，一般都取其有效值进行比较和度量。单相供电系统中的"零线"只要与地线可靠连接或者在没发生短路接地时没有电。理论上三相供电系统中只要三相电流平衡，系统零线中就没有电流。实际运用中三相之间的电流多少都会有些不平衡，此时"零线"中就要流过这些不平衡电流，但其值非常小，也是交变的。实际上低压民用电中这些问题是不存在的，除非工作零线断了或者有接地的情况，零线中才有电流。常用的验电笔测量的是对地电压而不是电流，这个电压可以理解为"压差""压降"等。所以在用验电笔测火线时会使验电笔中的氖泡发光，说明火线与大地之间是有压差的，而测零线时在接地良好的情况下不会发光，是因为此时零线与大地处于等电位，没有"压差"，因此不会使验电笔氖泡发光。

（二）单相电和三相电的区别

1. 单相与三相的定义

单相：简单说就是一般的生活用电，用 L 表示相线（就是俗称的火线，用电笔测量，氖泡会亮），以 N 表示零线（正常情况下电笔测量，氖泡不亮）。两者之间的电压是 220V。

三相：工业用得比较多的一种生产用电，简单说用 U、V、W 分别表示三根相线，比如三相电机只接入三根相线而不接入工作零线就能工作。个别家用空调也有三相的。

2. 单相和三相的区别

（1）供电方式不同。

单相电，是指一根相线（俗称火线）和一根零线构成的电能输送形式。

三相交流电是电能的一种输送形式，简称为三相电。它是由三个频率相同、振幅相等、相位依次互差 120°的交流电势组成的电源。

（2）电压等级不同。

三相电是 380V 的相间电压；单相是相线对零线间的 220V 电压。

（3）用途不同。

三相电用于工业生产，其电压为 380V；单相电用于普通居民生活，其电压为 220V。

（4）电线数量不同。

三相电比单相电多两根火线，单相电由一根相线与一根零线组成，电压为 220V。

三相负载在各相负载相对称或平衡的情况下（如三相电动机），才能使用三相电。此时由于三相电的电流矢量和为 0〔这三相电之间互成 120°角，所以电流矢量之和为 0，这时不需要中性线（相当于零线）〕。

（三）三相交流电相对于单相交流电的优势

在同等条件下输送同样功率，特别是在远距离输电时，三相输电比单相输电节约材料且使用方便。因此，电能的产生、输送和分配目前大多采用三相交流电。当有单相负载时,使用三相交流电中的一相即可完成工作。

第七节　安全电压

一、安全电压的概念

安全电压是为防止触电事故,采用特定电源供电的系列电压。这个电压的上限值在任何情况下,两导体间或任一导体与地之间均不得超过交流电(50~500Hz)有效值50V。

二、安全电压的等级分类

安全电压额定值的等级分为42V、36V、24V、12V、6V。

三、安全电压的使用要求

根据现行行业标准的规定,不同的作业环境与条件,应选用不同等级的安全电压。

(1)隧道、人防工程、高温、有导电灰尘、比较潮湿或灯具距离地面高度低于2.5m等场所的照明或者行灯照明,电源电压不应大于36V。

(2)潮湿和易触及带电体场所的照明,电源电压不得大于24V。

当电气设备采用了超过24V的安全电压时,必须采取防止直接接触带电体的保护措施。

(3)特别潮湿场所、导电良好的地面、锅炉或金属容器内的照明,电源电压不得高于12V。

(4)42V与6V安全电压,适用于有特殊要求的电气设备,建筑施工过程中极少使用。

第三章　常用电器元件

第一节　基本知识

一、电器及电器元件的概念

根据外界特定信号自动或手动地接通或断开电路，实现对电路或用电对象控制的电气设备叫作电器。

电器元件是各种机械控制电路及电力带动自动控制系统的基本组成元件。

二、电器元件的分类

电器元件的种类很多，分类方法也有多种。

（一）按工作电压等级分类

（1）高压电器元件：用于交流电压 1000V、直流电压 1500V 及以上电路中的电器。例如高压断路器、高压隔离开关、高压熔断器等。

（2）低压电器元件：用于交流 50Hz（或 60Hz），额定电压为 1000V 以下；直流额定电压 1500V 及以下的电路中的电器。例如接触器、继电器等。

（二）按动作原理分类

（1）手动电器元件：用手或依靠机械力进行操作的电器，如手动开关、控制按钮、行程开关等主令电器。

（2）自动电器元件：借助电磁力或某个物理量的变化来自

动进行操作的电器，如接触器、继电器、电磁阀等。

（三）按用途分类

（1）控制电器元件：用于各种控制电路和控制系统的电器，如接触器、继电器、电动机启动器等。

（2）主令电器元件：用于自动控制系统中发送动作指令的电器，如按钮、行程开关、万能转换开关等。

（3）保护电器元件：用于保护电路及用电设备的电器，如熔断器、热继电器、保护继电器、避雷器等。

（4）执行电器元件：用于完成某种动作或传动功能的电器，如电磁铁、电磁离合器等。

（5）配电电器元件：用于电能的输送和分配的电器，如高压断路器、隔离开关、刀开关、自动空气开关等。

（四）按工作原理分类

（1）电磁式电器：依据电磁感应原理工作，如接触器、电磁式继电器等。

（2）非电量控制电器：依靠外力或某种非电物理量的变化而动作的电器，如刀开关、行程开关、按钮、速度继电器、温度继电器等。

三、建筑施工现场常用电器元件

建筑施工现场临时用电常用电器元件是指工作交流电50Hz或60Hz，交流额定电压1000V及以下，或者直流额定电压1500V及以下电路中，用来对电能的生产、输送、分配和使用起到开关、控制、调节和保护作用的低压电器配件。

建筑施工现场常用的低压电器主要有漏电保护器、断路器（自动空气开关）、互感器、继电器、交流接触器、指示灯等。

四、电器元件的安装与维护

随着科学技术的飞速发展，电器元件更新换代比较快，因此电器元件的安装与维护，需按照其产品使用说明书或产品生产厂家的要求进行。

第二节　常用电器元件的结构及作用

一、漏电保护器

（一）漏电保护器的概念

漏电保护器是指当电路中的漏电电流超过允许值时，能够自动切断电源或报警的保护装置，符号为 RCD。

（二）漏电保护器的功能

漏电保护器在用电设备发生漏电故障时提供保护。安装漏电保护器时，应另外安装过流保护装置。当采用熔断器作为短路保护时，其规格的选用应与漏电保护器的通断能力相适应。

（三）漏电保护器的分类

（1）漏电保护器按其动作原理分为电压动作型和电流动作型两大类。电流动作型漏电保护器又分为电磁式、电子式两种。

（2）漏电保护器按其工作性质分为漏电断路器和漏电继电器。

（3）漏电保护器按其漏电动作值分为高灵敏度型、中灵敏度型和低灵敏度型三种。

（4）漏电保护器按其动作速度分为高速型、延时型和反时限型三种。

（5）漏电保护器按其极数和电流回路数分为单极两线漏电保护器、两极漏电保护器、两极三线漏电保护器、三极漏电保护器、三极四线漏电保护器和四极漏电保护器。

（四）漏电保护器的工作原理

施工现场临时用电系统使用的漏电保护器一般是电流动作型的，其工作原理如图3-1所示。

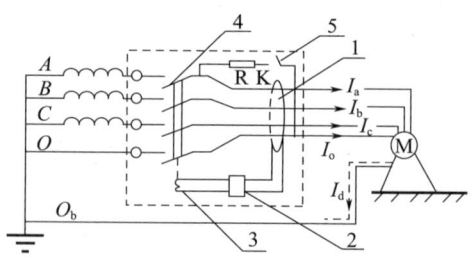

图 3-1　漏电保护器工作原理
1—剩余电流互感器；2—剩余电流放大器；3—脱扣器；4—断路器；5—试验按钮

（五）漏电保护器的结构

漏电保护器主要由五部分组成：剩余电流互感器、剩余电流放大器、脱扣器、断路器和试验按钮。漏电保护器的工作核心是漏电检测元件，即剩余电流互感器，它有一个环形铁芯，铁芯上绕有次级线圈，穿过铁芯内孔的导线充当原级线圈。

（六）电流动作型漏电保护器的主要技术参数

（1）额定电压：漏电保护器的工作电压，即被保护设备的额定电压有220V、380V两种。

（2）额定电流：漏电保护器长期通过的并能正常接通或分断的电流。漏电开关工作电流的等级（IEC标准）有：6A、10A、16A、20A、32A、40A、50A、63A、100A、200A、400A等。

（3）额定漏电动作电流：额定漏电动作电流一般用 $I_{\Delta n}$ 表示，当漏电电流等于或大于 $I_{\Delta n}$ 值时，漏电保护器必须动作。

（4）额定漏电不动作电流：额定漏电不动作电流一般用 $I_{\Delta no}$ 表示，当漏电电流小于该值时，漏电保护器必须不动作，

其优选值为 $I_{\Delta no}=0.5I_{\Delta n}$。

（5）额定漏电动作时间：漏电动作时间是指从突然施加漏电动作电流时起，到被保护电路切断为止的时间。额定漏电动作时间是漏电保护器动作时间的额定值，即漏电保护器的动作时间必须小于或等于该额定值。

（6）额定接通分断能力：漏电保护器在规定的使用性能条件下，所能分断的漏电电流值和短路电流值。

（7）防溅：防溅要求是指漏电保护器的外壳防护等级必须符合《外壳防护等级（IP 代码）》GB/T 4208—2017 中的 IP44 级要求，也就是必须能通过 10min 的淋雨试验，淋雨试验后还要能承受 1000V 耐压试验，各项动作特性仍能符合要求。

（七）漏电保护器的选用

漏电保护器主要是对可能的触电事故进行保护，也能防止火灾事故的发生，因此要依据不同的使用目的和安装场所来选用漏电保护器。漏电保护器的选用主要是选择其特性参数。触电程度是和通过人体的电流值有关的，人体对通过的电流大小承受能力是不一样的，而且因人的体质、体重、性别及健康状况差异而有所不同。通过人体工频电流时危害最大，人体对电击的承受能力见表 3-1。

表 3-1　人体对电击的承受能力

人体对交流 50Hz 电击的承受能力	感觉电流（mA）
刚有感觉	1
感觉相当痛	5
痛得不能忍受	10
肌肉会产生激烈收缩，并且受害者不能自行摆脱	20
相当危险	50
会引起致命的后果	100

电击强度和人体对电击的承受能力除了和通过人体的电流值有关，还与电流在人体中持续的时间有关。1966年，德国的克彭提出在工频下把通过人体的电流（mA）与电流在人体中持续时间（s）的乘积为作为安全界线，即 $IT=50mA \cdot s$。后来国际上也承认这个观点，并提出还应考虑一个安全系数，即应使 $IT=30mA \cdot s$。

漏电保护器的选择应符合《施工现场临时用电安全技术规范》JGJ 46—2005 中第 8.2.9 条、8.2.10 条、8.2.11 条、8.2.12 条、8.2.13 条的规定：

8.2.9 漏电保护器的选择应符合现行国家标准《剩余电流动作保护器的一般要求》GB/T 6829 和《漏电保护器安装和运行》GB 13955 的规定。

8.2.10 开关箱中漏电保护器的额定漏电动作电流不应大于 30mA，额定漏电动作时间不应大于 0.1s。

使用于潮湿或有腐蚀介质场所的漏电保护器应采用防溅型产品，其额定漏电动作电流不应大于 15mA，额定漏电动作时间不应大于 0.1s。

8.2.11 总配电箱中漏电保护器的额定漏电动作电流应大于 30mA，额定漏电动作时间应大于 0.1s，但其额定漏电动作电流与额定漏电动作时间的乘积不应大于 30mA·s。

8.2.12 总配电箱和开关箱中漏电保护器的极数和线数必须与其负荷侧负荷的相数和线数一致。

8.2.13 配电箱、开关箱中漏电保护器宜选用无辅助电源型（电磁式）产品，或选用辅助电源故障时能自动断电的辅助电源型（电子式）产品。当选用辅助电源故障时不能自动断开的辅助电源型（电子式）产品时，应同时设置缺相保护。

LBM-1 漏电保护器 [图 3-2（a）] 和 DZ15LE（D 型）漏电保护器 [图 3-2（b）]，是《建设事业"十一五"推广应用和限制禁止使用技术（第一批）的公告》（中华人民共和国建设部第 659 号公告）推广应用技术部分第 252 条至第 257 条推广的新技术产品。这两种产品符合《施工现场临时用电安全技术规范》JGJ 46—2005 第 8.2.13 条规定，并且经过国家质量认证中心的强制性产品认证（CCC）。

LBM-1 漏电保护器的特点：漏电电流数字显示；三相电网中的漏电保护器能够显示漏电的相序及漏电电流；抗干扰性强，不会失误动作；具备可延时重新合闸的功能。

DZ15LE（D 型）漏电保护器的特点：塑壳式透明并能看到明显可视性断点；具有过载、短路、断相及漏电保护功能；电子式漏电保护器，还具有辅助电源故障时自动断电保护功能。

目前，上述两种型号的漏电保护器，是建筑施工现场临时用电系统中，总配电箱和开关箱中出厂时标准配置的电器元件之一。

(a)   (b)

图 3-2　漏电保护器

(八) 使用漏电保护器的注意事项

(1) 正确安装漏电保护器。

根据现行《施工现场临时用电安全技术规范》JGJ 46 第 8.2.14 条规定：漏电保护器应按产品说明书安装、使用。施工现场外电供电有三相四线和三相五线的差别，因此，漏电保护器的正确接线方法应按图 3-3 选用。

图 3-3 漏电保护器的正确接线方法

T—变压器；RCD—漏电保护器；H—照明器；W—电焊机；M—电动机；
L—相线；N—工作零线；PE—保护零线；1—工作接地；2—重复接地

(2) 目前广泛采用将漏电保护装置与电源开关（自动空气断路器）组装在一起的漏电断路器，这种新型的电源开关具有短路保护、过载保护、漏电保护和欠压保护的效能。安装时简化了线路，缩小了配电箱的体积，便于管理。

(3) 漏电断路器因短路分断时，应开盖检查触头是否有烧损或凹坑。当因线路过载跳闸时，不能立即重新闭合。由于漏电断路器装有热继电器作为过载保护,当出现大于额定电流时,双金属片弯曲使触头分开,必须待双金属片自然冷却恢复原状后,方可重新闭合触头。

(4)因漏电故障造成跳闸时,必须查明原因排除故障后方可重新合闸,严禁强行合闸。漏电断路器发生分断跳闸时,操作手柄处于中间位置,当重新闭合时,需先将操作手柄向下扳动(分断位置),使操作机构重扣合,再向上进行合闸。漏电断路器可用于容量较大(大于3.0kW)的动力线路不频繁操作的开关电器。

二、断路器(自动空气开关)

(一)断路器简介

断路器又叫作自动空气开关或空气开关,属于开关电器的一种,符号为QF;图形符号如图3-4所示。它是一种既有手动开关作用又能自动进行失压、欠压、过载和短路保护的电器。

图3-4 断路器图形符号

断路器的作用:当线路发生短路、严重过载以及失压等故障时,它能够自动切断故障电路,有效地保护电气设备及线路。

断路器的功能:短路保护、过载保护等,也可在正常条件下非频繁地切断电路。

（二）断路器的分类

(1) 按操作方式分为电动操作、储能操作和手动操作。
(2) 按结构分为万能式和塑壳式。
(3) 按使用类别分为选择型和非选择型。
(4) 按灭弧介质分为油浸式、真空式和空气式。
(5) 按动作速度分为快速型和普通型。
(6) 按极数区分为单极、二极、三极和四极等。
(7) 按安装方式分为插入式、固定式和抽屉式等。

常用的断路器一般根据额定电流大小分为框架式（万能式）断路器（一般为630A以上）、塑壳式（装置式）断路器（一般为630A以下）、微型断路器（一般为63A以下）。

（三）断路器的工作原理

断路器的主触点靠手动操作或电动合闸。主触点闭合后，自由脱扣机构将主触点锁在合闸位置上。过电流脱扣器的线圈和热脱扣器的热元件与主电路串联，欠电压脱扣器的线圈和电源并联。当电路发生短路或严重过载时，过电流脱扣器的衔铁吸合，使自由脱扣机构动作，主触点断开主电路；当电路过载时，热脱扣器的热元件发热，使双金属片向上弯曲，推动自由脱扣机构动作；当电路欠电压时，欠电压脱扣器的衔铁释放，也使自由脱扣机构动作；电路欠电压时，欠电压脱扣器的衔铁释放，也使自由脱扣机构动作；分励脱扣器则作为远距离控制用，在正常工作时，其线圈是断电的，在需要远距离控制时，按下启动按钮使线圈通电，衔铁带动自由脱扣机构动作，使主触点断开。断路器工作原理如图3-5所示。

（四）断路器的结构

断路器一般由操作机构、触点、保护装置（各种脱扣器）、灭弧系统等组成。断路器的结构如图3-6所示。

第三章 常用电器元件

(a)

(b)

图 3-5 断路器工作原理

1—主触点;2—自由脱扣机构;3—过电流脱扣器;4—分励脱扣器;
5—热脱扣器;6—欠电压脱扣器;7—停止按钮

图 3-6　断路器的结构

1—牵引杆；2—锁扣；3—跳钩；4—连杆；5—操作手柄；6—灭弧室；
7—引入线和接线端子；8—静触头；9—动触头；10—可挠接头；
11—电磁脱扣器；12—热脱扣器；13—引出线和接线端子；
14—塑料底座；15—塑壳盖

（五）断路器的选用

断路器的一般选用原则：

（1）断路器额定电压大于或等于线路额定电压。

（2）断路器欠压脱扣器额定电压等于线路额定电压。

（3）断路器分励脱扣器额定电压等于控制电源电压。

（4）断路器壳架等级的额定电流大于或等于线路计算负载电流。

（5）断路器脱扣器额定电流大于或等于线路计算电流。

(6) 断路器的额定短路通断能力大于或等于线路中最大短路电流。

(7) 线路末端单相对地短路电流大于或等于 1.5 倍断路器瞬时（或短路时）脱扣器整定电流。

(8) 断路器的类型应符合安装条件、保护性能及操作方式的要求。

DZ20T 系列透明塑壳断路器（图 3-7），是《建设事业"十一五"推广应用和限制禁止技术（第一批）的公告》（中华人民共和国建设部第 659 号公告）推广应用技术部分第 252 条至第 257 条推广的新技术产品。该产品具有可见分断点的隔离、过载及短路保护功能，产品通过了隔离功能附加试验。其特点是解决了普通透明塑壳断路器不具备隔离功能的缺点，并设置了断开位置指示件。

图 3-7　DZ20T 透明塑壳断路器

三、互感器

（一）互感器的概念

互感器又称为仪用变压器，是电流互感器和电压互感器的统称。它能将高电压变成低电压、大电流变成小电流，用于测量或保护系统。

互感器的功能主要是将高电压或大电流按比例变换成标准

低电压（100V）或标准小电流（5A 或 1A，均指额定值），以便实现测量仪表、保护设备及自动控制设备的标准化、小型化。同时互感器还可用来隔开高电压系统，以保证人身和设备的安全。

（二）互感器的分类

互感器分为电压互感器和电流互感器两大类。互感器主要作用：将一次系统的电压、电流信息准确地传递到二次侧相关设备；将一次系统的高电压、大电流变换为二次侧的低电压（标准值）、小电流（标准值），使测量、计量仪表和继电器等装置标准化、小型化，并降低了对二次设备的绝缘要求。将二次侧设备以及二次系统与一次系统高压设备在电气方面很好地隔离，从而保证了二次设备和人身的安全。

1. 电压互感器

电压互感器可分为七类，即按用途、绝缘介质、相数、电压变换原理、使用条件、一次绕组对地运行状态、磁路结构进行细分。

2. 电流互感器

电流互感器分为四类，即按用途、绝缘介质、电流变换、安装方式进行细分。

（三）互感器的工作原理

电压互感器的工作原理：测量交变电流的大电压时，为能够安全测量在火线和地线之间并联一个变压器（接在变压器的输入端），这个变压器的输出端接入电压表，由于输入线圈的匝数大于输出线圈的匝数，因此输出电压小于输入电压，电压互感器就是降压变压器。

电流互感器的工作原理：测量交变电流的大电流时，为能够安全测量在火线（或地线）上串联一个变压器（接在变压器的输入端），这个变压器的输出端接入电流表，由于输入线圈的匝数小于输出线圈的匝数，因此输出电流小于输入电流（这时的输出电压大于输入电压,但是由于变压器串联在电路中,所以输入电压很小,输出电压也不大),电流互感器就是升压(降流)变压器。

（四）互感器的结构

普通电流互感器结构原理：电流互感器的结构较为简单,由相互绝缘的一次绕组、二次绕组、铁芯以及构架、壳体、接线端子等组成。其工作原理与变压器基本相同,一次绕组的匝数（N_1）较少,直接串联于电源线路中,一次负荷电流（I_1）通过一次绕组时,产生的交变磁通感应二次电流（I_2）按比例减小；二次绕组的匝数（N_2）较多,与仪表、继电器、变送器等电流线圈的二次负荷（Z）串联形成闭合回路,如图3-8所示。由于一次绕组与二次绕组有相等的安培匝数,$I_1 N_1 = I_2 N_2$,电流互感器额定电流比电流互感器实际运行中负荷抗阻的电流小,二次绕组接近于短路状态,相当于一个短路运行的变压器。

图 3-8　互感器结构

穿心式电流互感器本身结构不设一次绕组，载流（负荷电流）导线由 L_1 至 L_2 穿过由硅钢片卷制成的圆形（或其他形状）铁芯起一次绕组作用。二次绕组直接均匀地缠绕在圆形铁芯上，与仪表、继电器、变送器等电流线圈的二次负荷串联形成闭合回路，如图 3-9 所示。由于穿心式电流互感器不设一次绕组，其变比根据一次绕组穿过互感器铁芯中的匝数确定，穿心匝数越多，变比越小；反之，穿心匝数越少，变比越大，额定电流比为 I_1/n，I_1 为穿心一匝时一次额定电流；n 为穿心匝数。

(a) 工作原理图　　　　　(b) 实物图

图 3-9　穿心式电流互感器

（五）互感器的选用

互感器选用时，应注意以下几个方面：

（1）电流互感器的额定一次电流一般按线路的 1.2～1.4 倍电流选用电流互感器，主要是考虑线路过载时不至于烧毁电流互感器和电流表或电能表等。

（2）电流互感器额定一次电流也不能选得比线路的实际工作电流相差太大，这将影响电流互感器的计量精度。

（3）互感器在额定的二次输出负载范围内才能保证互感器精度。因此，包括二次线路负载以及计量装置的负载都为互感器实际工作的负载，当互感器二次实际输出负载大于互感器二次额定输出负载时，互感器精度将降低，严重过载时将烧毁互感器。

（4）当互感器二次实际输出负载低于互感器额定二次输出负载时，互感器的精度将降低。

（5）根据不同的使用场合选用适宜的互感器产品。

（6）户外用互感器和户内用互感器严禁混用。

结合施工现场临时用电的特点，目前施工现场临时用电的总配电箱中，主要使用的是电流互感器，如图 3-10 所示。

图 3-10　电流互感器

四、继电器

（一）继电器的概念

继电器是一种电子控制器件，是当输入量（激励量）的变化达到规定要求时，在电气输出电路中使被控量发生预定的阶跃变化的一种电器。

因为继电器具有控制系统（又称输入回路）和被控制系统（又称输出回路）之间的互动关系，通常应用于自动化的控制电路中。它实际上是用小电流去控制大电流运作的一种"自动开关"。因此，继电器在电路中起着自动调节、安全保护、转换电路等作用。具体来讲，继电器有以下几种作用：

（1）扩大控制范围：例如多触点继电器控制信号达到某一定值时，可以按触点组的不同形式，同时换接、开断、接通多路电路。

（2）放大：例如灵敏型继电器、中间继电器等，用一个很微小的控制量，可以控制很大功率的电路。

（3）综合信号：例如当多个控制信号按规定的形式输入多绕组继电器时，经过比较综合，达到预定的控制效果。

（4）自动、遥控、监测：例如自动装置上的继电器与其他电器一起，可以组成程序控制线路，从而实现自动化运行。

（二）继电器的分类

继电器可分为七类，即按工作原理或结构特征、外形尺寸、负载、防护特征、动作原理、反应的物理量、在保护回路中所起的作用进行细分。

（三）继电器的结构

继电器一般由铁芯、线圈、衔铁、触点簧片等组成。热继电器的结构如图 3-11 所示。继电器一般有两路电路，即低压控制电路和高压工作电路。

图 3-11 热继电器的结构

(四) 继电器的工作原理

因为继电器的种类较多，在本教材中我们以建筑施工现场临时用电系统常用的热继电器为例，介绍热继电器的工作原理。热继电器是按继电器的工作原理分类的一种，符号为 FR，图形符号如图 3-12 所示。

图 3-12　热继电器图形符号

热继电器是利用电流的热效应来切断电路的保护电器，专门用来对连续运转的电动机进行过载及断相保护，防止电动机过热而烧毁。它是一种反时限动作的继电器。几种最常见的热继电器如图 3-13 所示。

图 3-13　几种常见的热继电器

热继电器按相数分为两相和三相热继电器。三相热继电器还分为不带断相保护和带断相保护两种。

热继电器的工作原理：发热元件接入电机主电路，若长时间过载，双金属片被烤热，因双金属片的下层膨胀系数增大，使其向上弯曲，扣板被弹簧拉回，常闭触头断开，如图 3-11 所示。

（五）继电器的选用

（1）当热继电器用来保护长期工作制或间断长期工作制的电动机时，一般可选用二相结构、三相结构或带有断相保护的三元件热继电器。

（2）当热继电器用以保护反复短时工作制的电动机时，热继电器仅有一定范围的适应性。如果每小时操作次数很多，就要选用带速饱和电流互感器的热继电器。

（3）双金属片热继电器一般用于轻载、不频繁启动电动机的过载负荷保护。对于重载、频繁启动的电动机，则可用电流继电器做它的过载负荷和短路保护，因为热元件受热变形需要时间，故热继电器不能做短路保护。

（4）热元件的额定电流和整定电流的选择：热元件的整定电流通常整到电动机额定电流乘以 $0.95\sim1.05$，此时，整定电流应留有一定的上下限调整范围。

五、交流接触器

（一）交流接触器的概念

接触器广义上是指工业电中利用线圈流过电流产生磁场，使触头闭合，以达到控制负载的电器。

接触器分为交流接触器（电压 AC）和直流接触器（电压 DC），它应用于电力、配电与用电场合。其符号为 KM，图形符号如图 3-14 所示。

施工现场临时用电系统中，主要使用的是交流接触器，因此本教材重点介绍交流接触器的相关基本知识。几种交流接触器如图 3-15 所示。

| 线圈 | 主触头 | 辅助常开触头 | 辅助常闭触头 |

图 3-14　交流接触器图形符号

图 3-15　几种交流接触器

（二）交流接触器的分类

交流接触器按主触点连接回路的形式分为直流接触器、交流接触器；按操作机构分为电磁式接触器、永磁式接触器。

（三）交流接触器的工作原理

交流接触器的工作原理是利用电磁力与弹簧弹力相配合，实现触头的接通和分断的。交流接触器有两种工作状态：失电状态（释放状态）和得电状态（动作状态）。如图 3-16 所示，当线圈通电时，铁芯被磁化，吸引衔铁向下运动，使得常闭触头断开，常开触头闭合。当线圈断电时，磁力消失，在反力弹簧的作用下，衔铁回到原来位置，即使触头恢复到原来状态。

（四）交流接触器的结构

交流接触器的结构如图 3-17 所示。

图 3-16 交流接触器的工作原理

图 3-17 交流接触器的结构

1—动触头；2—静触头；3—衔铁；4—缓冲弹簧；5—电磁线圈；6—铁芯；
7—垫毡；8—触头弹簧；9—灭弧罩；10—触头压力簧片

（五）交流接触器的选用

1. 接触器主触头的额定电压的选择

接触器铭牌上所标额定电压系指主触头能承受的电压，并非吸引线圈的电压，使用时接触器主触头的额定电压应大于或等于负荷的额定电压。

2. 接触器主触头额定工作电流的选择

接触器的额定工作电流并不完全等于被控设备的额定电流，这是它与一般电器的不同点。被控制设备的工作方式分为长期工作制、间断长期工作制、反复短时工作制三种情况。根据以上三种情况，按下列原则选择接触器的额定工作电流：

（1）对于长期工作制运行的设备，一般按实际最大负荷电流占交流接触器额定工作电流的 67%～75% 选用。

（2）对于间断长期工作制运行的用电设备，选用交流接触器的额定工作电流时，使最大负荷电流占接触器额定工作电流的 80% 为宜。

（3）反复短时间工作制运行的用电设备（暂载率不超过 40% 时）选用交流接触器的额定工作电流时，短时间的最大负荷电流可超过接触器额定工作电流的 16%～20%。

3. 接触器极数的选择

根据被控设备运行要求（如可逆、加速、降压启动等）来选择接触器的结构形式（如三极、四极、五极）。

4. 接触器吸引线圈电压的选择

如果控制线路比较简单，所用接触器的数量较少，交流接触器吸引线圈的额定电压一般选用被控设备的电源电压，如 380V 或 220V。如果控制线路比较复杂，使用的电器又较多，为了安全起见，线圈的额定电压可选低一些，这时需要加一个控制变压器。

六、主令电器

主令电器的概念

主令电器是用来发布命令、改变控制系统工作状态的电器。常用主令电器有控制按钮、行程开关等。

(一) 控制按钮

1. 按钮开关的概念

按钮开关是一种结构简单、应用广泛的主令电器。在电气自动控制电路中，用于手动发出控制信号以控制接触器、继电器、电磁启动器等。按钮开关的文字符号为 SB，图形符号如图 3-18 所示，按钮开关的结构如图 3-19 所示。

图 3-18 按钮开关图形符号

图 3-19 按钮开关的结构

1—按钮帽；2—复位弹簧；3—常闭触点；4—常开触点；5—外壳

2. 按钮开关的分类

按钮开关的结构种类很多，可分为普通揿钮式、蘑菇头式、自锁式、自复位式、旋柄式、带指示灯式、带灯符号式及钥匙式等；有单钮、双钮、三钮及不同组合形式。一般采用积木式结构，由按钮帽、复位弹簧、桥式触头和外壳等组成，通常做成复合式，有一对常闭触头和常开触头，有的产品可通过多个元件的串联增加触头对数。还有一种自持式按钮，按下后即可自动保持闭合位置，断电后才能打开。几种常用按钮如图 3-20 所示。

图 3-20 几种常用按钮

3. 按钮的颜色

为了标明各个按钮的作用，避免误操作，通常将按钮帽做成不同的颜色以示区别，其颜色有红、绿、黑、黄、蓝、白等。红色表示停止按钮，绿色表示启动按钮等。

4. 按钮开关的选用

（1）根据按钮使用场合、结构形式、触头数选用，如开启式、防水式、防腐式。

（2）按照控制回路的需要，确定不同的按钮数，如单钮、双钮、三钮、多钮等。

（3）按工作状态指示和工作情况的要求，选择按钮及指示灯的颜色。

(4)线路的电流应不超过按钮的额定电流(不超过5A),线路的电压应不超过按钮的额定电压(交流电压500V,直流电压440V)。

(二)行程开关

1. 行程开关的概念

行程开关又称为限位开关或位置开关,是根据运动部件的运动位置而进行电路切换的自动控制电器,如图3-21所示。行程开关的文字符号为SQ,图形符号如图3-22所示。

图3-21 不同类别的行程开关

图3-22 行程开关图形符号

行程开关的作用:控制某些机械部件的运动行程和位置或限位保护。建筑施工现场施工升降机使用的行程开关,是施工升降机重要的设备保险装置之一,如图3-23所示。

图 3-23　行程开关

2. 行程开关的分类

行程开关按其结构可分为直动式、滚轮式、微动式。

3. 行程开关的结构

行程开关的类别不同，结构形式也不相同。直动式行程开关由推杆、弹簧、动断触点、动合触点组成；滚轮式行程开关由滚轮、上转臂、弹簧、套架、滑轮、压板、触点、横板组成；微动式行程开关由推杆、弹簧、压缩弹簧、动断触点、动合触点组成。以直动式行程开关为例，其结构如图 3-24 所示。

图 3-24　直动式行程开关的结构
1—顶杆；2—弹簧；3—常闭触头；4—触头弹簧；5—常开触头

4. 行程开关的选用

（1）根据使用场合和控制对象来确定行程开关的种类。当机械运动速度不是太快时，通常选用一般用途的行程开关；当机械行程通过的路径不宜装设直动式行程开关时，应选用凸轮轴转动式的行程开关；在工作效率很高、对可靠性及精度要求也很高时，应选用接近开关。

（2）根据使用环境条件，选择开启式或保护式等防护形式。

（3）根据控制电路的电压和电流选择相应开关。

（4）根据机械的运动特征，选择行程开关的结构形式即操作方式。

（三）刀开关和熔断器

刀开关又称为闸刀开关或隔离开关，是手控电器中最简单而使用广泛的一种低压电器。刀开关在电路中的作用是隔离电源和分断负载。

熔断器是在低压线路及电气设备控制电路中用作过载和短路保护的电器。熔断器串联在线路里，当线路或电气设备发生短路或过载时，熔断器中的熔体首先熔断，使线路或电气设备脱离电源，从而起到保护作用，是一种保护电器。熔断器具有结构简单、价格便宜、使用和维护方便、体积小、质量轻、应用广泛等特点。

由于刀开关和熔断器的个别类型产品安全性能差，2007年6月14日，《建设部关于发布建设事业"十一五"推广应用和限制禁止使用技术（第一批）的公告》（中华人民共和国建设部公告第659号）宣布，在刀开关中的"石板闸刀开关，HK1、HK2、HK2P、HK8型闸刀开关"和"瓷插式熔断器"，严禁在建筑施工现场使用。限制使用的"石板闸刀开关，HK1、HK2、HK2P、HK8型闸刀开关"和"瓷插式熔断器"如图3-25～图3-27所示。

图 3-25　石板闸刀开关

图 3-26　HK 系列闸刀开关

图 3-27　瓷插式熔断器

（四）倒顺开关

倒顺开关也叫作顺逆开关。它的作用是连通、断开电源或负载，使电机正转或反转。它主要是使单相、三相电动机做正反转的电器元件，但不能作为自动化元件。

倒顺开关有三个位置，中间一个是断开位置，往一边拨动电机的运转方向与另一边方向相反，简而言之就是控制电机的正反转。几种常见的倒顺开关如图 3-28 所示。

图 3-28　几种常见的倒顺开关

倒顺开关目前主要应用在需要正、反两方向旋转设备上，如钢筋弯曲机、钢筋调直机、电动车、起重机、电梯、升降机等。由于倒顺开关的结构形式即开关的手柄极易被人为误操作，造成意外伤害事故，此种情况施工现场曾经发生了很多次，因此，钢筋弯曲机、钢筋调直机等相关机械设备上，严禁使用倒顺开关，要求使用接触器组合控制。

（五）万能转换开关

万能转换开关是一种多档位、多段式、控制多回路的主令电器，当操作手柄转动时，带动开关内部的凸轮转动，从而使触点按规定顺序闭合或断开。万能转换开关如图 3-29 所示。

万能转换开关的产品有挂锁型开关和暗锁型开关（63A 及以下），可用作重要设备的电源切断开关，防止误操作以及控制非授权人员的操作。

万能转换开关结构由操作机构、定位装置、触点、接触系统、转轴、手柄等部件组成。万能转换开关单层结构如图 3-30 所示。

图 3-29 万能转换开关　　图 3-30 万能转换开关单层结构

万能转换开关主要用于各种控制线路的转换、电压表、电流表的换相测量控制、配电装置线路的转换和遥控等。万能转换开关还可以用于直接控制小容量电动机的启动、调速和换向。

万能转换开关具有体积小、功能多、结构紧凑、选材讲究、绝缘良好、转换操作灵活、安全可靠等特点。

万能转换开关操作是用手柄带动转轴和凸轮推动触头接通或断开。因凸轮形状不同,当手柄处在不同位置时,根据触头的不同吻合完成转换电路的目的。

（六）电源插座（插头）

建筑施工过程中,电源插座（插头）是连接开关箱与手持电动工具必不可少的电气设备之一。电源插座（插头）应该具有阻燃、防水、防尘、防摔功能。

1. 电源插座（插头）的分类

电源插座（插头）按使用范围分为工业和民用两类,工业类包括工程用电源插座（插头）。由于施工现场临时用电系统使用环境恶劣,故应使用工程类电源插座（插头）。

工程类电源插座（插头）可分为单相双孔、单相三孔和三相三孔以及三相四孔等，按安装部位可分为暗装电源插座（插头）与明装电源插座（插头），如图 3-31～图 3-33 所示。

图 3-31　工程用暗装电源插座

图 3-32　工程用明装电源插座、插头

第三章 常用电器元件

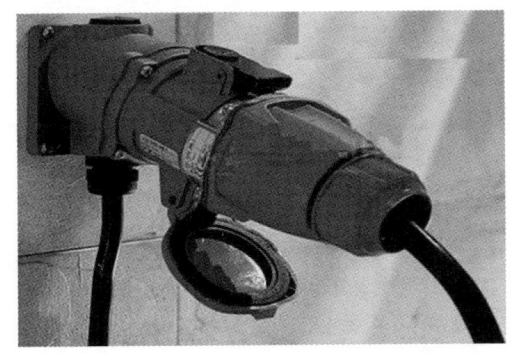

图 3-33 暗装电源插座（插头）

2. 电源插座（插头）的选用

（1）选用的工程用电源插座（插头）必须有产品合格证和国家质量认证"CCC"标志。

（2）电源插座（插头）型号规格必须满足用电设备的电压与电流和使用环境的要求。

（3）电源插座（插头）必须配套使用。

（4）三孔插座应选用"品字形"结构，不应选用等边三角形排列的结构，因为后者容易发生三孔互换而造成触电。

3. 电源插座（插头）的安装

（1）电源插座安装在配电箱时，必须在背板上固定牢固。

（2）三孔或四孔插座的接地孔（较粗的一个孔），必须放在顶部位置，不可倒置；两孔插座应水平并列安装，不准垂直并列安装。

（3）电源插座接线要求：对两孔插座，左孔接零线，右孔接相线；对三孔插座，左孔接零线，右孔接相线，上孔接保护零线；对四孔插座，上孔接保护零线，其余三孔分别接 A、B、C 三根相线。

电源插座（插头）的安装使用如图 3-34 所示。

59

图 3-34 电源插座（插头）的安装使用

第四章 三相交流电动机

第一节 电动机及其分类

一、电动机的概念

电动机是把电能转换成机械能的一种设备，如图 4-1 所示。三相交流电动机是工作电源为三相交流电的电机。

图 4-1 电动机

二、三相交流电动机的分类

电动机的分类方式有多种，可按工作电源分类、按结构及工作原理分类、按启动与运行方式分类、按用途分类、按转子结构分类、按运转速度分类、按防护类型分类。

在按工作电源分类中，根据电动机工作电源的不同，可分为直流电动机和交流电动机。其中，交流电动机还分为单相电动机和三相交流电动机。

交流电动机又分为异步电动机和同步电动机，异步电动机又可分为单相异步电动机和三相异步电动机。其中，三相异步电动机也叫作三相感应电动机，是建筑施工机械中最常用的电动机。本教材中的三相交流电动机特指三相异步电动机。

三相交流电动机的优点是结构简单、运行可靠、使用方便、价格较低；缺点是功率因数较低、调速性能差。

第二节　三相交流电动机的构造

三相交流电动机主要由定子和转子两大部分组成。定子包括机座、铁芯、绕组和端盖等；转子分为笼形（以前称鼠笼式）和绕线形两种，具有笼形和绕线形转子的电动机，分别称为笼形电动机和绕线形电动机，是异步电动机的两个主要类别。三相交流电动机的构造如图 4-2 所示。

图 4-2　三相交流电动机的构造

一、定子

定子是指异步电动机的静止部分，主要包括机壳、定子铁芯、定子绕组等部件。

定子铁芯是电机磁路的一部分，由硅钢片叠压而成，片间涂绝缘漆，以减少涡流损耗。叠片的内圆有定子槽，用来放置定子绕组。

（一）机壳

机壳是电动机的支架，一般用铸铁或铸钢制成。机壳的内圆中固定着铁芯，机壳的两头端盖内固定轴承，用以支承转子。封闭式电动机机壳表面有散热片，可以把电动机运行中的热量散发出去。

（二）定子铁芯

定子铁芯由 0.35～0.5mm 厚的圆形硅钢片叠压制成，以提供磁通的通路。铁芯内圆中有均匀分布的槽，槽中安放定子绕组，如图 4-3 所示。

图 4-3　机壳与定子铁芯

（三）定子绕组

定子绕组是电动机的电流通道，一般由高强度聚酯漆包铜线绕成。三相异步电动机的定子绕组有 3 个，每个绕组由若干个线圈组成，线圈与铁芯间垫有青壳纸和聚酯薄膜作为绝缘。三相绕组的 6 根引出线，连接在机座外壳的接线盒中。

绕组是电动机的重要组成部分，也是电动机最容易出现故障的部分，电动机的大型修理，大多是绕组的修理或绕组的更换。定子绕组实物如图 4-4 所示。

图 4-4 定子绕组实物

二、转子

转子指电动机的旋转部分,由转子铁芯和转子绕组构成。转子铁芯固定在转子轴上,也是电机磁路的一部分。转子结构分为笼形和绕线形两类,笼形转子较为多见,主要由转轴、转子铁芯、转子绕组等组成。

(一) 转轴

转轴一般用中碳钢制成,两端用轴承支撑,转子铁芯和绕组都固定在转轴上,在端盖的轴上装有风扇,帮助外壳散热。

(二) 转子铁芯

转子铁芯由 0.35～0.5mm 厚的硅钢片叠压制成,在硅钢片外圆上冲有若干个线槽,用以浇制转子笼条。

(三) 转子绕组

将转子铁芯的线槽内浇制上铝质笼条,再在铁芯两端浇注两个圆环,与各笼条连为一体,就成为鼠笼形转子,如图 4-5 所示。

绕线形转子的绕组和定子绕组相似,由绝缘导线绕制成绕组,放在转子铁芯槽内。绕组引出线接到转轴上的 3 个滑环上,通过一级电刷引出与外电路变阻器相连接,以便启动电动机。绕线形转子的结构如图 4-6 所示。

图 4-5 鼠笼形转子绕组

图 4-6 绕线形转子的结构

第三节 三相交流电动机使用及其保养

一、电动机型号的识别

三相交流电动机的型号如图 4-7 所示。

图 4-7 三相交流电动机的型号

电动机种类代号：Y——小型三相异步电动机。
　　　　　　　　YB——防爆型。
　　　　　　　　YX——高效率型。
　　　　　　　　YR——绕线式三相异步电动机。
　　　　　　　　YZ、YZR——冶金、起重用鼠笼，绕线异步电动机。
机座代号：S、M、L——短、中、长。
特殊环境代号：W——户外型；F——防腐蚀型。

二、三相交流电动机的选择

（一）种类的选择

鼠笼形电动机构造简单、坚固耐用，启动设备比较简单，价格较低。但它的启动电流大，启动转矩较小，转速不易调节。一般适用于 100kW 以下、不经常启动、不调速的机械，如一般机床、泵类、通风机、搅拌机和运输机等。

绕线形电动机启动电流小，启动转矩大，并能在小范围内调速，但结构较复杂，价格较高。它适用于电源容量较小（不允许启动电流太大）、要求启动转矩大、经常启动和要求小范围调速的场合，如破碎机、起重机等。

（二）结构形式的选择

电动机的结构形式有开启式、防护式、封闭式、防爆式等。

（1）开启式电动机的绕组和旋转部分没有特别的遮盖装置，通风散热良好，造价低，但只适用于干燥、清洁、没有灰尘和没有腐蚀性气体的厂房内。

（2）防护式电动机的外壳能防止铁屑、水滴等杂物落入电动机内部，但妨碍通风散热，适用于一般使用场合。

（3）封闭式电动机的外壳是全封闭的，散热性能较差。为改善散热条件，机壳上制有散热片，尾部外装有风扇，适用于有水土飞溅、尘雾较多的工作环境。

(4) 防爆式电动机具有坚硬的密封外壳,即使爆炸性气体侵入电动机内部发生爆炸,机壳也不会爆炸,从而防止事故的扩大。它适用于有爆炸性气体、粉尘的场合。

(三) 电动机功率的选择

电动机的功率选大了,设备不能得到充分利用,功率因数也低;电动机的功率选小了,将造成设备温升过高,严重影响电动机的寿命。若工作温升高于额定温升 6~8℃,电动机的寿命就要减小一半(常称 6~8℃规则)。如果工作温升高于额定温升的 40%,那么电动机的使用寿命将大幅度缩短。应根据实际需要的功率来选择电动机,可根据电动机的额定功率等于实际需要功率的 1.1~1.2 倍进行选择。

(四) 转速的选择

当功率一定时,电动机的转速越低,其尺寸越大,成本越高。故应尽量采用高速电动机(通常采用 1500r/min 的电动机),需要低转速时可配置减速器。

三、三相交流电动机的使用及其保养

(1) 正确选择保护电动机的低压电器,如电源开关、熔断器、热继电器等,保障电动机安全运行。

(2) 电动机启动之前,特别是初次使用或长时间没有使用的电动机要认真检查。检查电动机的基础是否牢靠,接线是否正确,启动设备是否完好,熔丝的选择是否恰当,各部件有无损坏、松动现象,绕线式电动机的电刷和滑环的接触是否良好,电动机及其拖动的机械转动是否灵活,电动机外露的旋转部分是否有防护罩。然后空载启动。如情况正常再负载试运行。发生堵转时要紧急停车。

(3) 注意防止灰尘、油污和水滴等进入电动机,保持电动机的内外清洁。绕组上有油污时可用布蘸四氯化碳擦洗。

(4) 注意防潮，特别是雨期使用时。电动机受潮后，其绝缘性能明显降低。确定电动机是否受潮可用兆欧表测量各相之间和各相与外壳之间的绝缘电阻，一般不应低于 $0.5M\Omega$，否则要进行烘干处理。

(5) 要防止杂物堵塞电动机风道，保持电动机通风良好，避免电动机在阳光下暴晒。

(6) 注意对轴承的保养。对经常运行的电动机，根据使用情况每隔 3~4 个月换油一次，换油时先除去旧油，用汽油洗干净轴承并晾干，再添新油。不经常运行的电动机每年换油一次。如发现轴承磨损过大要及时更换。

(7) 对绕线形电动机，要经常检查维护其滑环和整流子，保证它们不偏心、不摆动，表面光滑无伤痕、无烧伤。要保证电刷接触良好，运行时火花正常，电刷磨损超过 1/3 时要及时更新。

(8) 运行中发现故障要及时分析处理，不允许电动机带病运行，不允许长时间过压、欠压和过载运行。

(9) 修理电动机时首先要切断电源，锁上开关箱并在明显部位挂上"有人工作，禁止合闸"的标志牌。

第五章 施工现场临时用电专业技术理论

第一节 基本用电保护系统

在中性点直接接地的低压供电系统中,国际电工委员会将电气设备的保护方式分为 IT、TT 和 TN 三类。

我国施工现场临时用电系统所采用的电力系统通常是中性点直接接地的三相四线制的 220/380V 系统。在这个系统中,按接地系统或接零保护系统来选择有三种方式,即 TT 系统、TN-C 系统、TN-S 系统。

一、TT 系统

TT 系统是指在电源(变压器)中性点直接接地的电力系统中,电气设备的外露可导电部分,通过各自的 PE 线直接接地的保护系统(图 5-1)。

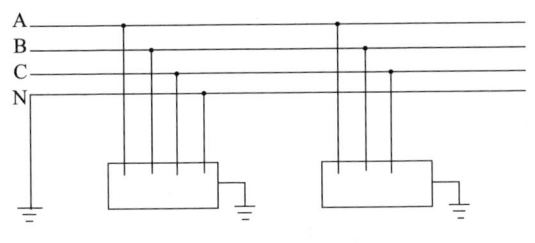

图 5-1 TT 系统

由于在 TT 系统中电力系统直接接地，用电设备通过各自的 PE 线接地，因而在发生某一相接地故障时，故障电流取决于电力系统的接地电阻和 PE 线的接地电阻，故障电流往往不足以使电力系统中的保护装置切断电源，这样故障电流就会在设备的外露可导电部分呈现危险的对地电压。如果在环境条件比较差的场所使用这种保护系统，很可能达不到漏电保护的目的。另外，TT 系统还需要系统中每一个用电设备都通过自己的接地装置接地，但由于施工现场用电设备较多，所以在施工现场不宜采用 TT 系统。

二、TN 系统

TN 系统是指在中性点直接接地的电力系统中，将电气设备的外露可导电部分直接接零的保护系统。根据中性线（工作零线）和保护线（保护零线）的配置情况，TN 系统又可分为 TN-C 系统、TN-S 系统、TN-C-S 系统。

（一）TN-C 系统

在 TN 系统中，将电气设备的外露可导电部分直接与中性线相连以实现接零，就构成了 TN-C 系统。在 TN-C 系统中，中性线（工作零线）和保护线（保护零线）是合二为一的，称为保护中性线，用符号 PEN 表示（图 5-2）。

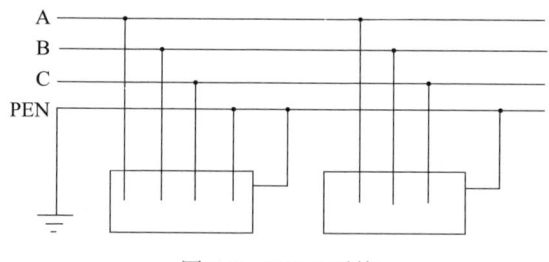

图 5-2　TN-C 系统

由图 5-2 可以看出，TN-C 系统由三根相线和一根保护中性线构成，因而又称四线制系统。由于工作零线和保护零线合并为保护中性线 PEN，当系统三相不平衡或仅有单相用电设备时，PEN 线上就流有电流呈现对地电压，导致保护接零的所有用电设备外壳带电，带电的电压值等于故障电流在电力系统接地电阻上产生的电压降加上在保护中性线上产生的电压降。如果电力系统接地电阻足够小，还需要保护中性线的电阻足够小，才能保证接零设备外壳的对地电压不超过危险值，这就需要选择足够大截面的保护中性线以降低其电阻值。这样设置不仅不经济，而且也不能保证外壳的对地电压不超过安全电压。况且在施工现场因为操作环境条件的恶劣或其他原因，还有可能使保护中性线断裂，造成所有断裂点以后的接零设备的外壳都将呈现危险的对地电压。因此在施工现场不得采用 TN-C 系统。

（二）TN-S 系统

TN-S 系统是指工作零线与保护零线分开设置的接零保护系统。

在 TN-S 系统中，从电源中性点起设置一根专用保护零线，使工作零线和保护零线分开设置，电气设备的外露可导电部分直接与保护零线相连以实现接零，这样就构成了 TN-S 系统（图 5-3）。

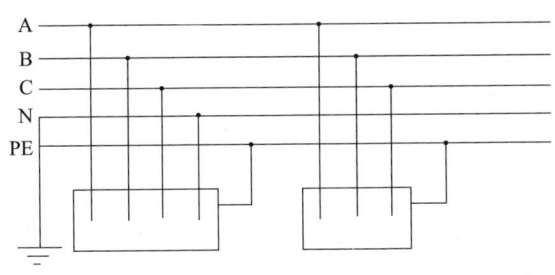

图 5-3　TN-S 系统

TN-S系统由三根相线（A、B、C）、一根工作零线N和一根保护零线PE构成，所以又称为五线制系统。在TN-S系统中，用电设备的外露可导电部分接到PE线上，由于PE线和N线分别设置，在正常工作时即使出现三相不平衡的情况或仅有单相用电设备，PE线上也不呈现电流，因此设备的外露可导电部分也不呈现对地电压。同时因仅有电力系统一点接地，在出现漏电事故时也容易切断电源，因而TN-S系统既没有TT系统那种不容易切断故障电流、每台设备需分别设置接地装置等的缺陷，也没有TN-C系统的接零设备外壳容易呈现对地电压的缺陷，安全可靠性高，适合在恶劣环境条件下使用。因此《施工现场临时用电安全技术规范》JGJ 46—2005中规定，在施工现场专用的中性点直接接地的电力线路中必须采用TN-S系统。

（三）TN-C-S系统

在TN-C系统的末端将保护中性线PEN线分为工作零线N和保护零线PE，即构成了TN-C-S系统（图5-4）。

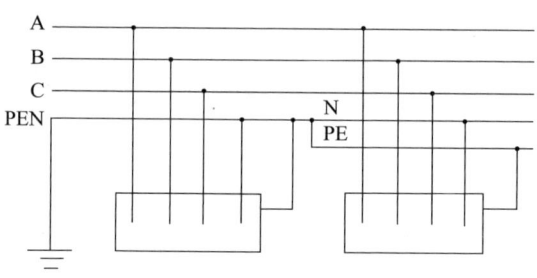

图5-4 TN-C-S系统

采用TN-C-S系统时，如果保护中性线从某一点分为保护零线和工作零线后，就不允许再相互合并。同时在使用中，不允许将具有保护零线和工作零线两种功能的保护中性线切断，只有在切断相线的情况下才能切断保护中性线，同时保护中性线上不得装设漏电保护器。

三、常用的用电保护系统特点

结合 TT 系统、TN-C 系统、TN-S 系统的基本知识，可以得出常用的用电保护系统特点，就是通过中性点单独的接地装置，作为独立的保护系统。

第二节　施工现场临时用电 TN-S 系统

在施工现场的外电供电系统中，现在普遍采用中性点直接接地的三相四线制系统。《施工现场临时用电安全技术规范》JGJ 46 规定"建筑施工现场临时用电工程专用的电源中性点直接接地的 220/380V 三相四线低压电力系统，必须采用 TN-S 接零保护系统"。由于 TN-S 系统克服了 TT 系统、TN-C 系统的缺陷，所以它在建筑施工现场电力系统中起着不可替代的保护作用。

一、接零保护

（一）TN-S 接零保护系统的做法

在施工现场专用变压器供电的 TN-S 接零保护系统中，电气设备的金属外壳必须与保护零线连接。保护零线应由工作接地线、配电室（总配电箱）电源侧零线或总漏电保护器电源侧零线处引出，如图 5-5 所示。

（二）对 TN-S 接零保护系统的要求

1. 现行标准规定

现行《施工现场临时用电安全技术规范》JGJ 46 规定：当施工现场与外电线路共用同一供电系统时，电气设备的接地、接零保护应与原系统保持一致。不得一部分设备做保护接零，另一部分设备做保护接地。

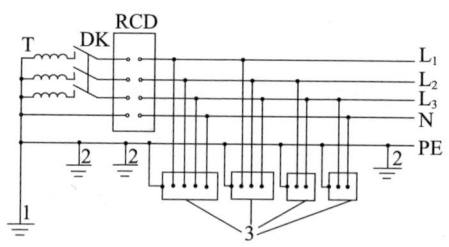

图 5-5　专用变压器供电时 TN-S 接零保护系统
L_1、L_2、L_3—相线；N—工作零线；PE—保护零线；
DK—带熔断器式总电源隔离开关；RCD—总漏电保护器
（兼有短路、过载、漏电保护功能的漏电断路器）；T—变压器；
1—工作接地；2—重复接地；3—电气设备金属外壳

采用 TN 系统做保护接零时，工作零线（N 线）必须通过总漏电保护器，保护零线（PE 线）必须由电源进线零线重复接地处或总漏电器电源侧零线处引出，形成局部 TN-S 接零保护系统，如图 5-6 所示。

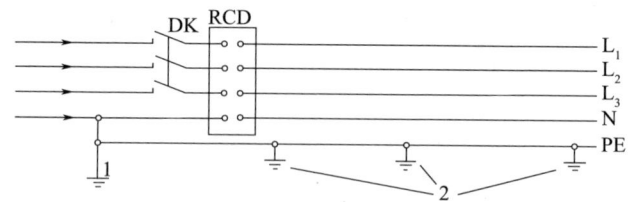

图 5-6　TN-S 接零保护系统保护零线引出
1—PEN 线重复接地；2—PE 线重复接地

特别注意：通过总漏电保护器的工作零线与保护零线之间不得再做电气连接。

2. TN-S 接零保护系统的特点

（1）系统正常运行时，专用保护线上没有电流，PE 线对地没有电压。

（2）专用保护线 PE 不许断线，也不许进入漏电开关。

(3) PE 线有重复接地,但是不经过漏电保护器。

(4) TN-S 方式供电系统安全可靠,适用于工业与民用建筑等低压供电系统。

(三) 对重复接地的要求

施工现场供配电系统保护零线(PE 线)重复接地的数量不少于 3 处,分别设置于配电系统的首端、中间、末端。重复接地连接线应选用黄绿双色多股软铜线,其截面面积不小于相线截面面积的 50%,且不小于 2.5mm^2。重复接地连接线应与配电箱、开关箱内的(PE 线)端子板连接,设置重复接地的部位可选择:

(1) 总配电室处。

(2) 各分路分配电箱处。

(3) 各分路最远端用电设备开关箱处。

(4) 塔式起重机、施工升降机、物料提升机、混凝土搅拌站等大型施工机械开关箱处。

(四) 重复接地的作用

(1) 降低设备漏电对地电压。

(2) 降低三相不平衡时零线上出现的电压。

(3) 当零线发生断线时,减轻事故的危害性。

(五) 重复接地做法

施工现场外电供电方采用的是三相四线制供电,并且外电供电方的配电室控制柜内有漏电保护器,如果从施工现场配电室总配电箱电源侧零线或总漏电保护器电源侧零线处引出保护零线(PE 线)(图 5-7),外电供电方配电室内漏电保护器就会跳闸。

有的建筑电工从施工现场配电室(总配电箱)处的重复接地装置引出 PE 线,如图 5-8 所示。这种做法的施工现场临时用电系统仍属于 TT 系统。

图 5-7　从总漏电保护器电源侧零线处引出保护零线
DK—总电源隔离开关；RCD_1—供电方配电室内总漏电保护器；
RCD_2—施工现场总漏电保护器

图 5-8　从重复接地装置引出 PE 线示意图
DK—总电源隔离开关；RCD_1—供电方配电室内总漏电保护器；
RCD_2—施工现场总漏电保护器

正确的方法是从外电供电方线路中配电室的控制柜电源侧零线上引出 PE 线，如图 5-9 所示。

图 5-9　从供电方配电室控制柜电源侧零线上引出 PE 线
DK—总电源隔离开关；RCD_1—供电方配电室内总漏电保护器；
RCD_2—施工现场总漏电保护保护器

（六）PE线截面面积与相线截面面积

在实际应用中，当相线截面面积不大于 16mm² 时，保护零线与相线直径相等；当相线截面面积为 16~35mm² 时，PE 线最小截面面积为 16mm²；当相线截面面积大于 35mm² 时，PE 线取相线截面面积的 50%。单相线路，保护零线截面面积与相线截面面积相同。与电动机外壳连接的 PE 线应为截面积不小于 2.5mm² 的多股铜线。手持式电动工具的 PE 线应为截面面积不小于 1.5mm² 的多股铜线。

PE 线所用材质与相线、工作零线（N 线）相同时，其最小截面面积应符合表 5-1 的规定。

表 5-1　PE 线截面面积与相线截面面积的关系

相线芯线截面面积 S（mm²）	PE 线最小截面面积（mm²）
$S \leqslant 16$	5
$16 < S \leqslant 35$	16
$S > 35$	$S/2$

二、接地装置与接地电阻

接地体和接地线焊接在一起，称为接地装置。

（一）接地体

1. 自然接地体

自然接地体是指原已埋入地下并可兼作接地用的金属物体。例如：原已埋入地中的直接与地接触的钢筋混凝土基础中的钢筋结构、金属井管、非燃气金属管道、铠装电缆（铅包电缆除外）的金属外皮等，均可作为自然接地体。

2. 人工接地体

人工接地体是指人为埋入地中直接与地接触的金属物体，即人工埋入地中的接地体。用作人工接地体的金属材料通常可以采用圆钢、钢管、角钢、扁钢及其焊接件，但不得采用螺纹钢和铝材。

（二）接地线

接地线可以分为自然接地线和人工接地线。

1. 自然接地线

自然接地线是指设备本身原已具备的接地线。如钢筋混凝土构件的钢筋、穿线钢管、铠装电缆（铅包电缆除外）的金属外皮等。自然接地线可用于一般场所各种接地的接地线，但在有爆炸危险场所只能用作辅助接地线。自然接地线各部分之间应保证可靠电气连接，严禁采用不能保证可靠电气连接的水管和既不能保证可靠电气连接又有引起爆炸危险的燃气管道作为自然接地线。

2. 人工接地线

人工接地线是指人为设置的接地线。人工接地线一般可采用圆钢、钢管、角钢、扁钢等钢质材料，但接地线直接与电气设备相连的部分以及采用钢质材料接地线有困难时，可采用铜线连接。

第三节 施工现场常用机械设备的电气应用

根据《施工现场临时用电安全技术规范》JGJ 46—2005 的有关规定，对施工现场常用机械设备的电气应用，应该注意以下内容。

一、一般规定

（1）塔式起重机、施工升降机、滑升式模板的金属操作平台，除应该连接 PE 线之外，还应做重复接地。设备的金属结构件之间应保证完好的电气连接。

（2）手持式电动工具中的塑料外壳Ⅱ类工具和一般场所手

持式电动工具中的Ⅲ类工具可不做 PE 线连接。

(3) 电动机械和手持式电动工具的负荷线应选用无接头的橡皮护套铜芯软电缆,其性能应符合现行《额定电压 450/750V 及以下橡皮绝缘电缆 第 1 部分:一般要求》GB/T 5013.1 和《额定电压 450/750V 及以下橡皮绝缘电缆 第 4 部分:软线和软电缆》GB/T 5013.4 的要求;其截面可按《施工现场临时用电安全技术规范》JGJ 46—2005 附录 C 选配。

电缆芯线数应该根据负荷及其控制电器的相数和线数确定;三相四线时应选用五芯电缆;三相三线时应选用四芯电缆;当三相用电设备中配置有单相用电器具时应选用五芯电缆;单相二线时应选用三芯电缆。

电缆芯线应包含全部工作芯线和用作保护零线,五芯电缆必须包含淡蓝色、绿/黄色绝缘芯线。淡蓝色芯线必须用作 N 线;黄/绿色芯线必须用作 PE 线,严禁混用。

(4) 正反向运转控制装置中的控制电器应采用接触器、继电器等自动控制电器,不得采用手动双向转换开关作为控制电器。

二、常用的建筑施工机械

(一) 塔式起重机

(1) 塔式起重机的机体必须做防雷接地,同时必须与配电系统 PE 线相连接。所连接的 PE 线必须同时做重复接地;防雷接地和重复接地可共用同一接地体,但接地电阻应符合重复接地电阻值的要求。

(2) 轨道式塔式起重机接地装置应符合下列要求:

① 轨道两端各设一组接地装置。

② 轨道的连接处做电气连接,两轨道端部做环形电气连接。

③ 较长轨道每隔不大于 30m 设置一组接地装置。

(3) 塔式起重机与架空线路的安全距离或防护措施,应符合

《施工现场临时用电安全技术规范》JGJ 46—2005 的有关规定。

（4）轨道式塔式起重机应配置自动卷线器收放配线电缆，不得使电缆随机拖地行走。

（二）桩工机械

（1）潜水电机的负荷线应采用防水橡皮护套铜芯软电缆，长度不应小于 1.5m，并且不得承受外力。

（2）潜水式钻孔机开关箱中的漏电保护器必须符合《施工现场临时用电安全技术规范》JGJ 46—2005 第 8.2.10 条对潮湿场所选用漏电保护器的要求。

（三）夯土机械

（1）开关箱中的漏电保护器必须符合《施工现场临时用电安全技术规范》JGJ 46—2005 第 8.2.10 条对潮湿场所选用漏电保护器的要求。

（2）PE 线的连接点不得少于 2 处。

（3）负荷线应采用耐气候型橡皮护套铜芯软电缆。

（4）电缆线长度不应大于 50m。

（5）操作扶手必须有绝缘设置。

（四）焊接机械

（1）交流弧焊机变压器的一次侧电源线长度不应大于 5m，其电源线进线处必须设置防护罩。

（2）开关箱中的漏电保护器必须符合《施工现场临时用电安全技术规范》JGJ 46—2005 第 8.2.10 条对潮湿场所选用漏电保护器的要求。交流电焊机应安装防二次侧触电保护器。

（3）二次线应采用防水橡皮护套铜芯软电缆，电缆长度不应大于 30m，不得采用构件或结构钢筋代替二次线的地线。

三、常用的手持式电动工具

（一）手持式电动工具的分类

根据现行《手持式、可移式电动工具和园林工具的安全

第1部分：通用要求》GB/T 3883.1的有关规定，手持式电动工具按其绝缘和防触电性能分为三类，即Ⅰ类工具、Ⅱ类工具、Ⅲ类工具。

Ⅰ类工具：它的防电击保护不仅依靠基本绝缘、双重绝缘或加强绝缘，而且还包含一个附加安全措施，即把易触电及导电零件与设施中固定布线的保护接地导线连接起来，使易触及的导电零件在基本绝缘损坏时不能变成带电体。具有接地端子或接地触头的双重绝缘或加强绝缘的工具也为Ⅰ类工具。

工具中依靠保护接地做防电击部分，叫作Ⅰ类结构。

Ⅱ类工具：它的防电击保护不仅依靠基本绝缘，而且还依靠提供附加的安全措施。例如双重绝缘或加强绝缘，没有保护接地措施也不依赖安装条件，外壳有"回"标志。

工具中依靠双重绝缘或加强绝缘做防电击保护部分，叫作Ⅱ类结构。

Ⅲ类工具：它的防电击保护依靠安全特低电压供电，工具内不产生高于安全特低电压的电压。

工具中依靠安全特低电压做防电击保护部分，并且该部分不产生高于安全特低电压的电压，叫作Ⅲ类结构。

（二）手持式电动工具的使用

手持式电动工具的使用，除应遵守《手持式电动工具的管理、使用、检查和维修安全技术规程》GB/T 3787—2017的规定外，还应注意以下事项。

1. 使用场所的要求

手持式电动工具的使用场所要与所选用的工具类别相适应。

（1）在一般场所（空气相对湿度应小于75%）可选用Ⅰ类或Ⅱ类手持式电动工具，但其金属外壳与PE线的连接点不应少于两处，漏电保护器应符合潮湿场所对漏电保护的要求。

（2）在潮湿场所或金属构架上操作时，必须选用Ⅱ类或由安全隔离变压器供电的Ⅲ类手持式电动工具,严禁使用Ⅰ类手持式电动工具。

使用金属外壳Ⅱ类手持式电动工具时,其金属外壳可与PE线相连接,并设漏电保护,以强化其安全保护。

(3) 在狭窄场所(地沟、管道内)作业时,必须选用由安全隔离变压器供电的Ⅲ类手持式电动工具。

2. 开关箱和控制箱设置的要求

除一般场所外,在潮湿场所、金属构架上及狭窄场所使用Ⅱ、Ⅲ类手持式电动工具时,其开关箱和控制箱应设在作业场所以外,并安排专人监护。

3. 负荷线选择的要求

手持式电动工具的负荷线应采用耐气候型橡皮护套铜芯软电缆,并且不得有中间接头。

4. 检查的要求

手持式电动工具的外壳、手柄、插头、开关、负荷线必须完好无损,使用前必须做绝缘检查和空载检查,在绝缘合格、空载运转正常后方可使用。手持式电动工具绝缘电阻不应小于表 5-2 的规定。

表 5-2　手持式电动工具绝缘电阻限值

测量部位	绝缘电阻 (MΩ)		
	Ⅰ类	Ⅱ类	Ⅲ类
带电零件与外壳之间	2	7	1

5. 自我保护的要求

使用手持式电动工具时,必须按规定穿戴绝缘防护用品。

6. 意外情况处理的要求

手持式电动工具使用过程中出现外壳高温、电缆破皮及掉落水中等情况时,必须立即切断电源进行处理。严禁徒手打捞掉落水中的带电手持式电动工具。

四、其他电动建筑机械

(1) 混凝土搅拌机、插入式振动器、平板振动器、地面抹光机、水磨石机、钢筋加工机械、木工机械、盾构机械、水泵等设备的漏电保护应符合现行《施工现场临时用电安全技术规范》JGJ 46 第 8.2.10 条的要求。

(2) 混凝土搅拌机、插入式振动器、平板振动器、地面抹光机、水磨石机、钢筋加工机械、木工机械、盾构机械的电源线，必须采用耐气候型橡皮护套铜芯软电缆，并不得有任何破损和中间接头。

水泵的电源线必须采用防水橡皮护套铜芯软电缆，严禁有任何破损和中间接头，并不得承受任何外力。

盾构机械的电源线必须固定牢固，距地面高度不得小于 2.5m。

(3) 对混凝土搅拌机、钢筋加工机械、木工机械、盾构机械等设备进行清理、检查、维修时，必须先将其配电箱分闸断电，呈现可见电源分断点，并关门上锁。

第四节　施工现场临时用电组织设计

《施工现场临时用电安全技术规范》JGJ 46—2005 规定："施工现场临时用电设备在 5 台及以上或设备总量在 50kW 及以上时，应编制施工现场临时用电组织设计。"

编制施工现场临时用电施工组织设计的目的：一是使施工现场临时用电工程的设置有科学依据；二是临时用电施工组织设计作为临时用电工程的主要技术资料，有助于加强对临时用电工程的技术管理，从而进一步保障使用过程中的安全性和可靠性。因此，施工现场临时用电施工组织设计的编制是临时用电工程的基础性工作。

一、编制、审核、批准要求

《施工现场临时用电安全技术规范》JGJ 46—2005 第 3.1.4 条规定："临时用电组织设计及变更时，必须履行'编制、审核、批准'程序，由电气工程技术人员组织编制，经相关部门审核及具有法人资格企业的技术负责人批准后实施。变更用电组织设计时应补充有关图纸资料。"2018 年 6 月 1 日施行的《危险性较大的分部分项工程安全管理规定》（中华人民共和国住房和城乡建设部令第 37 号）第十一条规定："专项施工方案应当由施工单位技术负责人审核签字、加盖单位公章，并由总监理工程师审查签字、加盖执业印章后方可实施。"

强制性条文的规定，进一步明确了对施工现场临时用电组织设计的"编制、审核、批准"的具体要求：一是施工现场临时用电工程的实施，必须有临时用电组织设计，否则不能组织施工；二是由于临时用电工程的专业技术特点，决定了临时用电组织设计的设计及变更工作，必须由电气工程技术人员负责；三是对临时用电组织设计的审核工作，应该由建筑工程项目总承包单位的安全、技术、设备、生产、材料部门负责审核工作；四是经过审核的临时用电组织设计应由建筑工程项目总承包单位的总工程师批准，再报工程项目监理单位的总监理工程师审查；五是经过变更的临时用电的组织设计，要补充有关变更后的图纸资料；六是变更的临时用电组织设计也必须履行"编制、审核、批准"程序。

二、施工现场临时用电组织设计的主要内容

根据《施工现场临时用电安全技术规范》JGJ 46—2005 的规定，临时用电组织设计主要包括以下内容。

(一) 现场勘测

现场勘测是为了编制临时用电组织设计进行的第一步工作。现场勘测也可以和建筑施工组织设计的现场勘测工作同时进行，或直接使用其勘测的资料。如在编制中发现遗漏的勘测资料，应重新勘测补齐资料。

现场勘测主要是根据在建工程施工现场地形、地貌及在建主体的位置，详细查看、了解施工现场周围的电源情况（包括架空线路或地下输电电缆）、通信电缆或其他地下管线、地下基础、井、沟、洞，以及施工现场人行、车行道路等情况；了解施工地区的雷暴日情况，土壤的电阻率和土壤的土质是否具有腐蚀性情况等。

(二) 确定电源进线、配电室、配电装置、用电设备位置及线路走向

(1) 根据电源的实际情况和当地供电部门的意见，确定电源进线的路线及敷设方式是架空线路还是埋设电缆线。进线部位尽量选择现场用电负荷的中心或临时线路的中央。

(2) 确定配电室位置时，应考虑变压器与其他电气设备安装、拆卸的搬运通道问题，进线与出线应方便无障碍。尽量远离施工现场振动场所及周围有爆炸、易燃物品、腐蚀性气体的场所，并且不要设在低洼区和可能积水处。

(3) 设置配电室（总配电箱）时要靠近外部供电电源，分配电箱应设置在用电设备或负荷相对集中的地方。

(4) 线路走向设计时应根据现场设备的布置、施工车辆、人员的流动、物料的堆放以及地下情况来确定线路的走向与敷设方法。一般线路设计应尽量考虑架设在道路的一侧，不妨碍现场道路通畅和其他施工机械的运行、安装拆卸与运输。同时又要考虑与建筑物和构筑物、起重机械、构架保持一定的安全距离和防护问题。采用地下埋设电缆的方式应考虑地下情况，同时做好过路保护及从地下引出部位的安全防护措施。

(三) 负荷计算

负荷计算主要是根据现场用电情况计算用电设备以及供电电源的变压器或发电机的负荷。

计算负荷将作为选择供电变压器或发电机、供电电缆规格、型号、配电装置和电器的主要依据。

现场用电设备的总用电负荷计算，可以依照总用电负荷来选择总开关、主干线的规格，通过对分路电流的计算，确定分路电缆的型号、规格和分配电箱的设置个数。总之负荷计算要将配电室、总配电箱、分配电箱及配电线路、接地装置的设计结合起来计算。

(四) 选择变压器

变压器的选择应根据用电的计算负荷来确定其容量。施工现场用电设备容量在 250kW 或选择变压器容量在 160kV·A 以下的，一般情况供电部门不会以高压方式供电。这是"全国供用电规则"的规定，也就是说外电供给的变压器不需要选择。对施工现场需要安全电压而配备的降压变压器，可根据使用环境、使用功率而进行选择。

(五) 设计配电系统

1. 设计配电线路，选择导线或电缆

主要是选择和确定线路走向、配线方式（架空线路或埋地电缆等）、敷设要求、导线排列；选择和确定配线型号、规格；选择和确定其周围的防护设施等。

从外电线路引入施工现场配电室的线路设计要与外电变电站设计相衔接，从施工现场配电室引出至现场各配电箱的线路，要与配电箱的设计相衔接，尤其要与配电系统的基本保护方式（TN-S 保护系统）相结合，统筹考虑零线和接地装置的敷设。

2. 设计配电装置，选择电器

配电屏是最常用的配电装置，应根据计算负荷选择相应的电器，以满足施工现场用电的需要。

目前，施工现场临时用电中的配电装置，是由有相应生产资质的厂家生产的符合国家"CCC"质量要求的集成化产品。总配电箱、分配电箱和开关箱中的电器，也应是按照相应的国家标准或行业标准生产的合格产品。因此，购置的配电装置原则上不用另外选择有关的电器元件，更不允许自己组装配电箱等配电装置。

3. 设计接地装置

接地是施工现场临时用电工程配电系统安全、可靠运行和防止人身间接触电的基本保护措施。

接地与接地装置的设计主要是根据配电系统基本保护方式的需要，确定接地类别和接地电阻值，并根据接地电阻值的要求选择或确定自然接地体或人工接地体。对人工接地体还要根据接地电阻值的要求，设计接地体的结构、尺寸和埋深，以及相应的土壤处理，并选择接地体材料。接地装置的设计还包括接地线的选用和接地装置各部分之间的连接要求。

4. 绘制临时用电工程图纸

绘制临时用电工程图纸，主要包括施工现场临时用电工程总平面图、配电装置布置图、配电系统接线图、接地装置设计图。对施工现场临时用电工程来说，由于只是临时的设置，所以可综合给出体现设计要求的设计施工图。又由于施工现场临时用电工程相对来说是一个比较简单的用电系统，同时其中一些主要的、相对复杂的用电设备的控制系统已由生产厂家确定，无须重新设计，所以临时用电工程设计施工图中只需包括上述主要图纸。

电气施工图实际上是整个临时用电组织设计的综合体现，是以图纸形式给出的设计，因而它是最主要的也是最重要的技术材料。

（六）防雷设计

防雷设计包括防雷装置位置的确定、防雷装置形式的选择以及相关防雷接地的确定。防雷设计应保证根据设计所设置的防雷装置，保护范围能可靠覆盖整个施工现场，并能对雷害起到有效的防护作用。

（七）确定防护措施

编制安全用电防护措施时，不仅要考虑现场的自然环境和工作条件，还要兼顾施工现场的整个配电系统，包括从配电室到用电设备的整个临时用电工程。确定相应的安全防护方法以及防护要求，如对线路安装的控制要求，对总配电箱与分配电箱的材质及安装位置的要求等。

（八）制定安全用电措施和电气防火措施

编制安全用电技术措施和电气防火措施要和现场的实际情况相吻合，重点是电气设备的连接和 TN-S 系统保护问题，设置漏电保护器问题，一机一闸问题，外电防护问题，开关电器的维护、检修、更换问题，以及对水源、火源、腐蚀介质、易燃易爆物的妥善处理等问题。

三、临时用电工程的验收要求

现行《施工现场临时用电安全技术规范》JGJ 46 第 3.1.5 条规定："临时用电工程必须经编制、审核、批准部门和使用单位共同验收，合格后方可投入使用。"

"电"是不可视的，不是通过肉眼就能够判断是否存在安全隐患的。比如在潮湿环境下（浇筑混凝土时）或是存在大面积导电的情况下（楼板或剪力墙的钢筋绑扎时），极易造成群死群伤。强制性条文的规定，进一步说明了临时用电工程的危险性极大，是一个重大安全隐患，因此临时用电工程完成后，必须经过编制人、审核人、批准人和工程总承包单位的共同验收,并且验收合格后才能投入使用。这样做的目的是将临时用电存在的安全隐患消灭在萌芽状态,减少或杜绝生产安全事故的发生。

第五节 施工现场配电装置的选择、安装和维护

现行《施工现场临时用电安全技术规范》JGJ 46 第 1.0.3 条第 1 款与第 3 款规定:施工现场临时用电工程专用的电源中性点直接接地的 220/380V 三相四线低压电力系统,必须符合采用三级配电二级漏电保护系统。

施工现场的配电装置是指施工现场用电工程配电系统中设置的总配电箱、分配电箱和开关箱。三级配电系统是指总配电箱、分配电箱、开关箱的三级控制,实行分级配电。二级漏电保护系统是指总配电箱与开关箱中设置的漏电保护器,实行分级漏电保护。

一、配电装置的选择

(一)配电箱的生产制造标准

配电箱生产制造应符合《低压成套开关设备和控制设备 第 4 部分:对建筑工地用成套设备(ACS)的特殊要求》GB/T 7251.4—2017 对建筑工地用成套设备的特殊要求及《施工现场临时用电安全技术规范》JGJ 46—2005 的要求。

1. 材质

(1)配电箱、开关箱应采用冷轧钢板,开关箱钢板厚度不得小于 1.2mm,分配电箱和总配电箱钢板厚度不得小于 1.5mm。当箱体宽度超过 0.5m 时,应做双开门。

(2)配电箱、开关箱的金属外壳构件应进行防腐、防锈处理,同时应经得起在正常使用条件下可能遇到潮湿的影响。

(3) 配电箱内的电器安装板应采用金属而非木质材料。

2. 电器元件

电器元件应选用符合现行 GB/T 14048.2、GB/T 6829 以及 JGJ 46 标准的产品，并符合《建设事业"十一五"推广应用和限制禁止技术（第一批）的公告》（中华人民共和国建设部第 659 号公告）（推广应用技术部分）要求。

(1) 产品符合 GB/T 7251.1—2013、GB 7251.4—2017、JGJ 46—2005 标准的要求，产品应是通过国家强制性产品"CCC"认证。

(2) 总配电箱额定电压 220/380V，额定电流 250（225）A、400A、630（600）A；输出 1~4 路。箱内电器元件配置：一是主电路用 LBM-1 漏电保护器与透明塑壳断路器组合，分路用透明塑壳断路器。二是主电路用带隔离功能的透明塑壳断路器（DZ20T 等）、分路用透明塑壳断路器（DZ20T 等）与漏电保护器（LBM-1 等）组合。它具有隔离、过载、短路、漏电保护及辅助电源故障自动断电保护功能。

(3) 分配电箱额定电压 220/380V，额定电流 100A、250A、400A，主电路及分路分别设置透明塑壳断路器，具有隔离、过载、短路保护功能。

(4) 开关箱额定电压 220/380V；额定电流 40A、63A、100A、250A；配置有隔离功能的透明塑壳断路器（DZ20T、KDM1 等）后置电磁式漏电保护器；具有隔离、过载、短路和漏电保护，并能在辅助电源故障时自动断电功能的组合电器。

（二）总配电箱

总配电箱内应装设总隔离开关和分路隔离开关、总自动开关和分路自动开关、漏电保护器、电压表、电流表、电度表。总隔离开关的额定值、动作整定值应与分路开关的额定值、动作整定值相适应。

如四回路的总配电箱，内设 400～630A 具有隔离功能的 DZ20 型透明塑壳断路器作为主开关，分路设置四回路具有隔离功能的 DZ20 系列 160～250A 透明塑壳断路器，配备 DZ20L（DZ15L）透明漏电开关或 LBM-1 系列作为漏电保护装置，使之具有欠压、过载、短路、漏电、断相保护功能，同时配备电度表、电压表、电流表、两组电流互感器。漏电保护装置的额定漏电动作电流与额定漏电动作时间的乘积不大于 30mA·s。最好选用额定漏电动作电流 75～150mA，额定漏电动作时间大于 0.1s 并小于等于 0.2s，其动作时间为延时动作型。四回路总配电箱规格为 2000mm×900mm×400mm。如图 5-10～图 5-13 所示。

图 5-10　总配电箱

总配电箱电气原理如图 5-14 所示。

根据施工现场用电设备的数量，总配电箱分为四回路、六回路、八回路的配置，使用单位应根据实际情况选用。

图 5-11　四回路总配电箱电器配置

图 5-12　总配电箱仪表

图 5-13　总配电箱接线端子板

图 5-14　四回路总配电箱电气原理

（三）分配电箱

分配电箱应装设总隔离开关、分路隔离开关以及总断路器、分断路器。总隔离开关电器的额定值、动作整定值应与分路隔离开关电器的额定值、动作整定值相适应。

1. 动力照明分设的分配电箱

动力回路与照明回路分路配电，如动力照明分设的分配电箱，内设 200～250A 具有隔离功能的 DZ20 系列透明塑壳断路器作为主开关（与总配电箱分路设置断路器相适应）；采用 DZ20 或 KDM-1 型透明塑壳断路器作为动力分路、照明分路控制开关；各配电回路采用 DZ20 或 KDM-1 透明塑壳断路器作为控制开关；PE 线连线螺栓、N 线接线螺栓根据实际需要配置。动力照明分设分配电箱规格为 850mm × 950mm × 240mm。动力照明分设分配电箱外观、电器配置及电气原理如图 5-15～图 5-17 所示。

建筑电工

图 5-15　分配电箱外观

图 5-16　动力照明分设分配电箱电器配置

动力4路+照明3路

图 5-17　动力照明分设分配电箱电气原理

2. 动力分配电箱

动力分配电箱规格为 670mm×800mm×240mm。动力分配电箱电器配置及其电气原理如图 5-18、图 5-19 所示。

图 5-18 动力分配电箱电器配置

动力八回路

图 5-19 动力分配电箱电气原理

（四）开关箱

开关箱内必须安装隔离开关和漏电保护器，漏电保护器的额定动作电流应不大于 30mA，额定动作时间应小于 0.1s。每台用电设备应有各自的专用开关箱，实行"一机一闸"制，严禁用同一个开关电器直接控制两台及两台以上的用电设备（含插座）。开关箱规格为 620mm×450mm×220mm。开关箱及其电气原理如图 5-20、图 5-21 所示。

图 5-20 开关箱

图 5-21 开关箱电气原理

开关箱主要有动力设备开关箱、照明开关箱（图 5-22）、移动开关箱（图 5-23）。主要的动力设备开关箱有地泵开关箱、电动机等中型设备开关箱、中小型设备开关箱、电焊机专用开关箱（图 5-24）、电磁启动开关箱（图 5-25）等。

二、配电装置的安装

施工现场的配电装置是指临时用电系统中的总配电箱、分配电箱、开关箱。因此配电装置的安装，其实就是配电箱及其选用的电器配件的安装。配电箱的生产制造必须符合现行

图 5-22　照明开关箱

图 5-23　移动开关箱

图 5-24　电焊机专用开关箱

图 5-25　电磁启动开关箱

《低压成套开关设备和控制设备　第 4 部分：对建筑工地用成套设备（ACS）的特殊要求》GB/T 7251.4 中的有关要求，而并非本单位自己加工安装。因此，本教材中对配电装置的安装，只是进行简单的介绍，方便学员们维修维护配电装置。

（一）电器元件的安装要求

（1）安装必须牢固、端正，不得松动、歪斜。

（2）电器元件之间及与箱体之间的距离，应符合表 5-3 的要求。

表 5-3　电器元件排列间距

位置	间距（mm）		
仪表侧面之间或侧面与盘边	≥60		
仪表顶面或出线孔与盘边	≥50		
闸具侧面之间或侧面与盘边	≥30		
仪表、胶盖闸顶面或底面与出线孔	导线截面面积（mm²）	≤10	80
		16～25	100

（3）不同极性的裸露带电导体之间以及它们与外壳之间的电气间隙和爬电距离，应符合表 5-4 的要求。

表 5-4　电气间隙和爬电距离

额定绝缘电压	电气间隙（mm）		爬电距离（mm）	
	≤63A	>63A	≤63A	>63A
$U_i \leq 60$	3	5	3	5
$60 < U_i \leq 300$	5	6	6	8
$300 < U_i \leq 600$	8	10	10	12

（4）在正常情况下，配电箱内的金属安装板、所有电器元件、不带电的金属底座或外壳、插座的接地端子，均应与配电箱体一起做可靠的保护接零，保护零线必须采用黄/绿双色线，并通过专用接线端子连接。

（二）配电箱、开关箱导线进出口处的要求

（1）配电箱、开关箱电源线的进出规则是下进下出，不能在其他部位进出电源线。

（2）在导线的进、出口处应加强绝缘，并将导线卡固定牢固。

（3）进、出电源线应加护套，分路成束并做防水弯，电源线不得与箱体进、出口直接接触，进出导线不得承受超过导线自重的拉力，以防接头拉开。

（三）配电箱、开关箱内连接导线要求

（1）连接导线应采用绝缘导线，性能应良好，接头不得松动，不得有外露导电部分。

（2）导线布置要横平竖直、排列整齐，进线要标明相别，出线要做好分路去向标志，两个电器元件之间的连接导线不应有接头或焊接点，在固定的端子板上接线。

（3）分别设置独立的工作零线和保护零线接线端子板，工作零线和保护零线通过端子板连接，端子板上一个接线孔只允许接一根导线。

(4) 配电箱应设置专用的不小于 M8 镀锌或铜质螺钉,并与配电箱的金属外壳及箱内的金属安装板和保护中性线进行可靠连接。保护接地螺钉不得兼作他用,不得在螺钉或保护中性线的接线端子上喷涂绝缘材料。

(5) 配电箱内的连接导线应尽量采用铜线,铝线接头松动易导致电火花和高温,引起对地短路故障。

(6) 配电箱内母线和导线的排列(从装置正面观察)应符合表 5-5 的要求。

表 5-5 配电箱内母线和导线的排列

相别	颜色	垂直排列	水平排列	引下排列
A	黄	上	后	左
B	绿	中	中	中
C	红	下	前	右
N	蓝	较下	较前	较右
PE	黄绿相间	最下	最前	最右

(四) 配电箱、开关箱的制作要求

(1) 配电箱、开关箱箱体应严密、端正,有防雨、防尘功能,箱门开、关松紧适度。

(2) 所有配电箱和开关箱必须配备门、锁,在醒目位置标注名称、编号及每个用电回路的标志。

(3) 端子板一般安装在箱内电器安装板的下部或箱内底部侧边,进出线必须通过端子板做可靠连接。N 线端子板必须与金属电器安装板绝缘;PE 线端子板必须与金属电器安装板做电气连接。进出线中的 N 线必须通过 N 线端子板连接;PE 线必须通过 PE 线端子板连接。PE 线与端子板连接必须采用电气连接,电气连接点的数量应比箱体内回路数量多 2 个,1 个为 PE 线进箱体的连接点,1 个为重复接地的连接点。

三、配电装置的维护

因为建筑施工现场临时用电的自然环境复杂、工作状况恶劣，所以要加强对配电装置的检查与维护工作，杜绝安全隐患，避免发生触电事故。

（1）施工现场的建筑电工每天应对配电装置进行巡查，每月对配电箱、开关箱进行一次检查和维护。

（2）保持配电装置设置场所的通风顺畅、环境干燥，及时清除易燃易爆物、腐蚀介质和杂物，配电箱周围应有足够两人同时工作的空间和通道。

（3）配电箱内不得放置任何杂物，保持配电箱内外的干净整洁。

（4）配电箱的进出线口处的束线保护必须完好，避免损坏电源线的绝缘皮。

（5）更换电器元件时，必须与原型号、规格和材质一致，不应使用替代产品。

（6）及时维修损坏的配电箱体、箱门、门锁及支架、防护棚、围栏等辅助设施。

（7）配电装置进行定期检查、维修时，必须将其前一级相应的隔离开关分闸断电，并悬挂"禁止合闸"标志牌，严禁带电作业。

（8）检查、维修及检修时的停电或送电，必须由建筑电工执行。

第六节　照明线路敷设和照明装置的设置

现行《施工现场临时用电安全技术规范》JGJ 46 规定，在坑、洞、井内作业、夜间施工或厂房、道路、仓库、办公室、食堂、宿舍、料具堆放场及自然采光差等场所，应设一般照明、局部照明或混合照明。在一个工作场所内，不得只设局部照明。停电后，操作人员需及时撤离的施工现场，必须装设自备电源的应急照明。

一、施工现场的照明方式及其基本分类

（一）照明方式

施工现场的照明方式分为一般照明、局部照明和混合照明三种。

1. 一般照明

一般照明是对建筑物内某个场所形成均匀照度的一种方法，是为照亮整个场所设置的照明。这种照明方式的灯具布置均匀，整个场所照度相同，对光照方向无特殊要求。

2. 局部照明

局部照明是仅限于工作部位固定或移动的照明，是单独为某个部位设置的照明，以提高局部光线的亮度。这种照明方式适用于有照射方向要求的场所，以及需要遮挡或克服反射光线的场所。

3. 混合照明

混合照明是指一般照明与局部照明共同组成的照明。它是在一般照明提供均匀照度的方式上，再在某一部位设置局部照明，适用于工作面需要较高照度且照射方向有要求的场所。

（二）基本分类

按照明的使用功能进行分类，照明方式一般可分为正常照明、应急照明、值班照明、警卫照明等。

1. 正常照明

正常照明是指在正常情况下使用的室内外照明。

2. 应急照明

应急照明是指在正常照明因故障熄灭的情况下，能够为人员继续工作或疏散而提供的照明。它包括备用照明、安全照明、疏散照明。

备用照明是指正常照明失效后替代正常照明的照明。

安全照明是指确保处于危险中人员安全的照明。

疏散照明是指发生事故时保证人员疏散的照明。

一般情况下，备用照明的照度不低于正常照明照度的10%，安全照明的照度不低于正常照明的5%，疏散照明不低于 0.5lx（照度单位，勒克斯）。

3. 值班照明

值班照明是指在工作和非工作时间内供值班人员用的照明。

值班照明可利用正常照明中能单独控制的一部分或全部，也可利用应急照明的一部分或全部作为值班照明使用。

4. 警卫照明

警卫照明是指有警戒任务的建筑物或某些需要警戒的重要场所，根据警戒范围及要求设置的照明。

（三）照明电源线的选择

1. 相线的选择

（1）室内照明电源线宜使用聚氯乙烯绝缘铜芯软线，室外照明电源线宜使用轻型橡皮绝缘护套电缆。

（2）使用携带式变压器，其一次侧电源线应采用橡皮护套或塑料护套铜芯电缆。

（3）电源线最小允许截面面积应满足表 5-6 的要求。

表 5-6　线芯最小允许截面面积

安装场所及用途	线芯最小允许截面面积（mm²）		
	铜芯线	铜线	铝线
照明灯头线：1. 在建主体 2. 室外	0.4 1.0	0.5 1.0	1.5 2.5
移动式用电设备：1. 生活用 2. 生产用	0.2 1.0	—	—

2. 工作零线（N）截面面积的要求

（1）单相及二相电源线中，零线截面面积与相线截面面积相同。

（2）三相四线制线路中，零线截面面积不小于相线截面面积的 50%；当照明灯为气体放电时，零线截面面积按最大负荷相线的电流选择。

（3）在逐相切断的三相照明电路中，零线截面面积与最大负荷相线的截面面积相同。

（四）照明供电电压的选择

（1）一般场所，照明供电电压宜为 220V。

（2）隧道、地下管廊、人工挖孔桩内、管道井、电梯井、地下室等比较潮湿、有导电灰尘、灯具安装高度低于 2.5m 等场所，以及行灯的照明供电电压不应大于 36V。

（3）卫生间、厨房等潮湿和易于触电的场所，照明供电电压不得大于 24V。

（4）淋浴室、标养室或特别潮湿、导电良好的地面、金属容器等有高度触电危险的场所，照明电源电压不得大于 12V。

（5）远离电源的小面积工作场地、道路照明、警卫照明或额定电压为 12～36V 的照明场所，其电压允许偏移值为额定电压值的 ±5%。

（五）照明线路的敷设

（1）照明线路应与动力线路分路设置，照明开关箱应单独设置。

（2）施工现场照明线路架空设置时，电源线距离地面最小垂直距离：施工现场 ≥4m，机动车道 ≥6m，室内 ≥2.5m。

（3）结合基础施工阶段、主体施工阶段和装饰施工阶段的具体情况，照明线路宜可采取直接埋地敷设、沿墙敷设的方式。

（4）照明电路系统中，每一个单相回路上灯具和电源插座数量不宜超过 25 个，负荷电流不宜超过 15A。连接具有金属外罩灯具的插座和插头均应有接 PE 线的保护触头。

（5）照明线路的敷设要满足本教材中配电线路敷设中的有关要求。

二、照明装置的设置

（一）施工现场常用的照明灯具

为了满足学员们知识更新的需要，在这里介绍一下新型节能的照明灯具。传统的照明灯具有以下几种。

1. 白炽灯

白炽灯是利用钨丝通电加热发光的一种热辐射光源，它结构简单、成本低、使用方便，平均使用寿命 1000h，现在个别生产厂商将平均使用寿命提高到了 5000h。但这种传统的照明灯具耗电量大，光效低、照度差、易损坏，不建议使用。

2. 卤钨灯

卤钨灯是一种新型的热辐射电光源，在白炽灯的基础上改进而来。与白炽灯相比，它有体积小、光能稳定、光效高、光色好、使用寿命长的特点。卤钨灯的缺点：使用时灯管管壁温度可达 600℃，必须与易燃物保持安全距离并且不允许采用人工冷却；耐振性能差，不宜在有振动的场所使用，也不宜做移动式局部照明使用。卤钨灯分为碘钨灯和溴钨灯。

（1）碘钨灯

碘钨灯灯管由耐高温的石英玻璃制成，灯丝沿玻璃管轴向安装，电源引出线由两端接出，平均使用寿命 1500h。碘钨灯与白炽灯相比，具有体积小、光能稳定、光效高（一只 1000W 碘钨灯相当于 5000W 普通白炽灯的亮度）的优点。其缺点是耐振性差，价格较高，灯管壁工作温度高达 500～600℃。

(2) 溴钨灯

溴钨灯与碘钨灯的结构、尺寸完全相同，但光效比碘钨灯高 4%～5%。

《房屋建筑和市政基础设施工程危及生产安全施工工艺、设备和材料淘汰目录（第一批）》规定：白炽灯、碘钨灯、卤素灯不得用于建设工地的生产、办公、生活等区域的照明。

3. 荧光灯（日光灯）

荧光灯靠汞蒸气放电时发出可见光和紫外线，日光灯触动灯管内壁的荧光粉而发光，光色接近白色。荧光灯是低气压放电灯，工作在弧光放电区，当电压变化时照明不稳定，所以必须与镇流器一起使用，将灯管的工作电流限制在额定数值。

4. 荧光高压汞灯（高压水银汞灯）

常用的照明高压汞灯分为荧光高压汞灯、反射型荧光高压汞灯和自镇流荧光高压汞灯三种。反射型荧光高压汞灯玻璃壳内壁上部镀有铝反射层，具有定向反射性能，使用时可不用灯具。自镇流荧光高压汞灯用钨丝作为镇流器，是利用高压汞蒸气、白炽体和荧光材料三种发光物质同时发光的复合光源。这类灯的外玻璃壳内壁都涂有荧光粉，能将汞蒸气放电时辐射的紫外线转变为可见光，以改善光色，提高光效。荧光高压汞灯的光效比白炽灯高约三倍，寿命也长，启动时不需要加热灯丝，故不需要启辉器，但光色差。

5. 高压钠灯

高压钠灯是利用高压钠蒸气放电，其辐射光的波长集中在人眼较灵敏的区域内，故光效高，为荧光高压汞灯的 2 倍，且寿命长，但显色性差。

6. 金属卤化物灯（金属卤素灯）

金属卤化物灯（金属卤素灯）是在荧光高压汞灯的基础

上，为改善光色而发展起来的一种新光源，不仅光色好，而且光效高。

7. 管形氙气灯

高压氙气放电时产生很强的白光，和太阳光十分相似，故有"小太阳"之称，特别适合大面积场所照明。

8. 防水防尘灯

防水防尘灯适用于室内外多水多尘场所，可配置白炽灯，如图 5-26 所示。

(a) GCⅡ型防水防尘灯　　(b) 圆形防水防尘灯

图 5-26　防水防尘灯

9. 其他灯具

施工现场使用的照明器具还有多种型号，如手持式行灯、悬挂式防爆灯等，使用这些灯具时一定要注意其额定电压、适用范围和安装要求，同时要注意查看生产厂家的产品合格证书。

目前，新型节能环保照明器具主要有 LED 灯具和太阳能灯具系列，《房屋建筑和市政基础设施工程危及生产安全施工工艺、设备和材料淘汰目录（第一批）》规定：采用LED（发光二极管）灯、节能灯等替代白炽灯、碘钨灯、卤素灯。

（1）LED灯

① 新型绿色环保光源：运用冷光源，眩光小，无辐射，使用中不产生有害物质，工作电压低，采用直流驱动方式，超低功耗（单管0.03~0.06W），电光功率转换接近100%，在相同照明效果下比传统光源节能80%以上。

② 环保效益更佳：光谱中没有紫外线和红外线，而且废弃物可回收，没有污染，不含汞元素，可以安全触摸，属于典型的绿色照明光源。

③ 寿命长：固体冷光源，环氧树脂封装，抗震动，灯体内没有松动的部分，不存在灯丝发光易烧、热沉积、光衰等缺点，是传统光源使用寿命的10倍以上（使用寿命60000~1000000h），性能稳定，可在-30~50℃环境下正常工作。

④ 多变换：光源可利用红、绿、蓝三基色原理，在计算机技术控制下使三种颜色具有256级灰度并任意混合，形成不同光色的组合。

（2）太阳能灯

① 节能环保、无污染、无辐射、光效强、寿命长。

② 安装方便、维护简单、自动控制，使用安全、不会发生触电事故。

③ 回收利用率高，适合建筑施工现场办公区、生活区、加工区的室外照明。

（二）照明灯的选择

（1）结合照明部位的电压、电流变化和使用环境，以及不同类型照明器的使用要求，有针对性地选择相应的照明器，建议选择新型、环保、节能、散热量低的照明灯。

（2）办公室、会议室、宿舍、餐厅、活动室、在建主体楼梯间等正常温度与湿度的环境，建议使用LED照明灯、荧光灯。

(3) 潮湿或有导电灰尘,以及灯具安装高度低于 2.5m 的场所,应使用安全电压的照明灯。

(4) 施工现场办公区、生活区等室外庭院、道路的照明,可考虑使用太阳能灯、荧光高压汞灯。

(5) 施工现场、加工区、作业区等大面积的照明,建议使用管形氙气灯或卤钨灯。

(6) 施工现场作业场所局部照明,普遍使用安装简单、使用方便的 LED 照明灯、荧光灯。

(7) 在相对狭小的空间作业照明时,应使用能够满足安全要求的手持式行灯或防爆灯,如图 5-27 所示。

(a) 手持式行灯　　(b) 悬挂式行灯　　(c) 手持式防爆灯

图 5-27　行灯与防爆灯

(三) 照明装置的设置

照明装置的设置包括照明装置的安装、控制和保护。

1. 安装

(1) 安装高度

照明灯具的安装高度应考虑防止眩光,保证照明质量和安全,照明灯具距地面最低悬挂高度见表 5-7。

表 5-7 照明灯具距地面最低悬挂高度

光源种类	灯具形式	光源功率(W)	最低悬挂高度(m)
荧光灯	无反射罩	≤40	2.0
		>40	3.0
	有反射罩	≥40	2.0
荧光高压汞灯	有反射罩	≤125	3.5
		250	5.0
		400	6.5
高压汞灯	有反射罩	≤125	4.0
		250	5.5
		400	6.5
金属卤化物灯	搪瓷反射罩	400	6.0
	铝抛光反射罩	1000	14.0
高压钠灯	搪瓷反射罩	250	6.0
	铝抛光反射罩	400	7.0
高压氙气灯	—	—	20.0
太阳能灯	有反射罩		以产品说明书为准
LED 灯	裸灯	—	
行灯	有防护网	≤36	
防爆灯	有保护罩		

（2）安装接线

螺口灯头的中心触头应与相线连接，螺口应与零线（N）连接；碘钨灯及其他金属卤化物灯的灯线应固定在专用接线柱上，金属外壳必须做可靠的 PE 线连接（图 5-28）；灯具内部线路必须牢固，外部接线必须进行防水绝缘包扎。

图 5-28　金属卤化物灯金属外壳 PE 线

（3）对易燃易爆物的防护距离

普通灯具不宜小于 30cm；聚光灯及碘钨灯等高热灯具不宜小于 50cm，且不得直接照射易燃物。达不到防护距离时，应采取隔热措施。

2. 控制

（1）任何灯具必须经照明开关箱控制，箱内配置完整的电源隔离、过载与短路保护及漏电保护器。

（2）灯具的相线必须经开关控制，不得直接引入灯具。

（3）临时设施照明灯可采用拉线开关，开关距地面高度为 2～3m，与出、入口的水平距离为 15～20cm，拉线出口向下。

（4）安装照明灯的墙壁暗装开关时，开关距地面高度为 1.3m，与出、入口的水平距离为 15～20cm。

3. 保护

（1）在用易燃材料的顶棚安装照明灯具时，灯具应加装阻燃底座或阻燃垫（图 5-29）。

（2）室外使用具有散发高热量的照明灯时，应安装在防雨水浇淋的防护罩内（图 5-30）。

（3）要求软线吊灯质量在 1kg 以下，超过时应采用吊链或吊架连接。

图 5-29　易燃材料顶棚照明灯具的安装

图 5-30　室外照明灯具的安装

第七节 外电防护、防雷

一、外电防护

外电线路是为施工现场提供专用电源而新设置或原有的配电线路。外电线路一般为架空线路，个别也有地埋线路，且外电线路一般情况下是固定不动的。因此，施工过程中的在建主体、机械设备、施工材料、人员必须与外电线路保持安全距离，否则必须采取屏护措施，防止发生触电事故。

（一）外电防护的概念

（1）外电防护：是指施工现场原来具有的高压或低压配电线路（或地下电缆），因与在建主体、机械设备、施工材料、人员等不能保证安全距离，而采取的防止触电的措施。

（2）安全距离：是指带电导体与其附近接地的物体、地面不同极（或相）带电体以及人体之间必须保持的最小空间距离或最小空气间隙。

（二）外电防护安全距离的有关规定

根据《施工现场临时用电安全技术规范》(JGJ 46—2005)的有关规定，对外电线路的安全距离要求如下。

（1）在建工程（含脚手架）的周边与外电架空线路边线之间的最小安全操作距离应符合表5-8、图5-31的要求。

表5-8　在建工程与外电架空线路边线之间最小安全操作距离

外电线路电压等级（kV）	<1	1~10	35~110	220	330~500
最小安全操作距离（m）	4.0	6.0	8.0	10	15

（2）施工现场的机动车道与外电架空线路交叉时，架空线路的最低点与路面的最小垂直距离应符合表5-9、图5-32的要求。

图 5-31 在建工程与外电架空线路安全操作距离

表 5-9 施工现场的机动车道与架空线路交叉时的最小垂直距离

外电线路电压等级（kV）	<1	1～10	35
最小安全操作距离（m）	6.0	7.0	7.0

图 5-32 线路与地面垂直距离

(3) 起重机严禁越过无防护设施的外电架空线路作业。在外电架空线路附近吊装时，起重机的任何部位或吊物边缘与架空线路边线的最小安全距离应符合表 5-10 的要求。

表 5-10 起重机与架空线路边线的最小安全距离

方向	电压（kV）						
	<1	10	35	110	220	330	500
沿垂直方向（m）	1.5	3.0	4.0	5.0	6.0	7.0	8.5
沿水平方向（m）	1.5	2.0	3.5	4.0	6.0	7.0	8.5

(4) 施工现场开挖沟槽边缘与外电埋地电缆沟槽边缘之间的距离不得小于 0.5m。

(5) 要想与外电线路保持安全距离，应考虑必要的安全距离和安全操作距离。

① 必要的安全距离。

由于高压线路周围存在强电场的电磁感应，使附近的导体产生感应电，附近的空气也在电场中被极化，而且电压等级越高电极化就越强。所以必须保持安全距离，并且电压等级越高，安全距离也应相应加大。

② 安全操作距离。

由于施工现场的动态特点，在作业过程中，如搭设脚手架，一般立杆、大横杆钢管长 6m，如果距离太小，操作中的安全无法保障。因此规定的操作距离，就是施工中应保持的安全距离。由于钢筋绑扎、搭设模板及支撑体系，在作业中由于操作距离不足，极易引发触电伤害事故。因此除了保证必要的安全距离外，还要考虑作业条件下的各种不利因素，确保作业人员的安全。

(三) 外电防护的方法

外电防护属于施工现场临时用电组织设计中防护措施中的

一部分，当与原有的外电线路达不到安全距离时，通常采用屏护措施。

屏护措施就是采用遮拦、护罩、护盖、挡板、箱盒等防护装置把带电体与外界隔离开来，以防止人体触及或接近带电体的安全技术措施。

防护设施应与外电线路之间保持最小的安全距离见表5-11。

表5-11 防护设施与外电线路之间的最小安全距离

外电线路电压等级（kV）	≤10	35	110	220	330	500
最小安全距离（m）	1.7	2.0	2.5	4.0	5.0	6.0

1. 在建工程高于外电线路的防护

在建工程与外电线路水平距离不超过2m时，防护设施如图5-33所示；在建工程高度超过外电线路2m时，应考虑高处落物引发可能触及外电线路的危险，需要设置顶部防护屏障，如图5-34所示（图中L表示最小安全距离数值）。

图5-33 在建工程超过外电线路2m以内的防护

图 5-34　在建工程超过外电线路 2m 的防护

2. 在建工程外脚手架与外电线路距离较近的防护

当在建工程的外脚手架与外电线路距离较近，又无法单独设置防护时，在脚手架与外电线路平行一侧的外排立杆里侧设置高度不小于 1.2m 的竹胶板防护，立杆外侧仍然使用密目网防护（图 5-35）。外电线路一侧脚手架至少做三处接地，接地电阻值应小于 10Ω。当在建工程高度超过 2m 时，还需要设置防护屏障。

图 5-35　外脚手架与外电线路距离较近的防护

3. 跨越外电线路的防护

起重吊装跨越高压线时，应设置门形防护棚（图5-36、图5-37），防护棚立杆基础必须牢固，顶部使用5cm厚的木板搭设间距不小于0.7m的双层硬顶防护棚，防护棚的整体稳定性要好，不得发生变形、倾斜等现象。为警示起重设备司机，可在防护棚上1m间距连续设置颜色鲜艳的小彩旗和36V电压的红色灯泡。

图5-36 起重吊装跨越外电线路防护

图5-37 起重吊装跨越外电线路防护实物图

第五章 施工现场临时用电专业技术理论

4. 室外变压器的防护

1）落地变压器防护

（1）变压器周围要设置围栏，高度不应小于 1.7m。

（2）变压器外廓与围栏或建筑物外墙的净距离不应小于 0.8m。

（3）变压器底部距地面高度不应大于 0.3m。

（4）栅栏的栏条之间间距不应大于 0.2m。

室外变压器的防护如图 5-38 所示。

图 5-38　室外变压器的防护

2）架空变压器防护

可采用木杆或钢管加套绝缘管及 5cm 木板，搭设架空变压器的防护架防护屏，如图 5-39 所示。

5. 穿越外电线路的过路防护

原则上，不得在外电架空线路正下方施工、搭设作业棚、建造生活设施或堆放构件、架具、材料及其他杂物等。但是施工现场情况复杂，土方开挖、渣土堆土、斜坡改道等情况较多，在外电线路对地距离达不到现行规范要求时，外电线路下方就必须做好相应的防护设施，车辆通过时应有高度限制。外电线路防护设施与外电线路之间的距离应满足最小安全操作距离。具体防护方法如图 5-40 所示。

(a) 变压器防护(正面)　　(b) 变压器防护(背面)

(c) 变压器防护全景

图 5-39　架空变压器防护屏

图 5-40　外电线路过路防护

二、防雷

(一) 雷电的形成及危害

1. 雷电的形成

天气闷热潮湿时，大气中的水蒸气受阳光照射，在强烈的上升气流作用下，产生水滴的分离。在分离过程中形成的微细水滴带负电荷，其余的极大水滴则带正电荷。微细水滴随风聚集成带负电的雷云，带正电的雷云在大地表面感应下有正电荷。这样雷云与大地之间就形成了电容器。当电场强度很大且超过大气击穿强度时，就会发生雷云与大地之间放电的情形，会产生弧光和声音，即"闪电"和"打雷"。这就是雷电形成的过程，雷电是大气中的自然放电现象。

2. 雷电的危害

雷电的基本形式分为直击雷、感应雷、雷电侵入波三类。

(1) 直击雷

接近地面的雷云，当其附近没有带电荷的雷云时就会在地面凸出物上形成感应异性电荷。当雷云同地面凸出物之间的电场强度达到空气击穿强度时，就会发生击穿放电。这种雷云对地面凸出物直接击穿放电称为直击雷。它放电时的电压引起强大的雷电电流通过地面凸出物流入地中，产生极大的热效应和机械效应，极易引起火灾、房屋倒塌或电气设备绝缘的损坏。

(2) 感应雷

雷电感应分为电感应和电磁感应两种。雷电感应的形成是由于雷云接近地面时在地面凸出物顶部感应出大量异性电荷，当雷云与其他雷云或物体放电后，凸出物顶部积聚的电荷顿时失去约束，呈现出高电压雷电流，在周围空间产生迅速变化的强磁场，在附近的金属上感应出高电压。感应雷的破坏作用是雷电流的电磁场剧烈变化或静电荷在金属上、电气线路上的感应引起很高的电压，危及设备和人员的安全。

(3) 雷电侵入波

由于雷击在架空线路或金属管道上产生高压冲击波并沿线路或管道的两个方向迅速传播侵入室内，这种情况称为雷电侵入波或高电位侵入。雷电侵入波的破坏作用会对电气设备的绝缘造成危害或使室内金属设施放电，引起破坏作用。

(二) 防雷部位的确定

(1) 结合直击雷的特性，施工现场易受到雷电攻击的部位，一般是施工现场内最高处的塔式起重机、施工升降机和物料提升机以及脚手架等高架设施。

(2) 结合感应雷的特性，施工现场配电室以及总配电箱的接线端子部位，宜受到雷电的攻击。

(3) 建筑结构宜受到雷电攻击的部位一般是屋角与檐角、屋脊、山墙。其中：屋角与檐角的雷击率最高；屋顶的坡度越大，屋脊雷击率也越大，当坡度大于 40°时，屋檐一般不会受到雷击；当屋面坡度小于 27°、长度小于 30m 时，雷击点多发生在山墙，而屋脊和屋檐一般不再遭受雷击。

综上所述，塔式起重机、施工升降机、脚手架和正在施工的金属结构，在相邻建筑物、构筑物的防雷装置保护范围以外，需要安装防雷装置。

(三) 避雷装置的保护范围

从避雷针顶端向下 60°俯角所覆盖的建筑物、构筑物、机械设备等，都处于避雷针的保护范围内。也就是以避雷针为轴的直线圆锥体，直线与轴夹角 60°之内，都是受保护范围，如图 5-41 所示。避雷针在地面上的保护半径等于避雷针至自然地面高度的 1.5 倍。

图 5-41 单支避雷针的保护范围

第八节 施工现场临时用电安全技术档案

一、临时用电安全技术档案的主要内容

根据现行《施工现场临时用电安全技术规范》JGJ 46 规定，施工现场临时用电必须建立安全技术档案，并应包括八项内容：用电组织设计的全部资料、修改用电组织设计的资料、用电技术交底资料、用电工程检查验收表、电气设备的试/检验凭单和调试记录、接地电阻/绝缘电阻和漏电保护器漏电动作参数测定记录表、定期检（复）查表、电工安装/巡查/维修/拆除工作记录。

（一）用电组织设计的全部资料

用电组织设计的全部资料，首先是经过审批合格并且完整的"临时用电组织设计"，其次是现场勘察的全部资料和配电室的设计资料。

（二）修改用电组织设计的资料

修改用电组织设计的资料是指临时用电设置需要变动而就

此部分进行的重新设计,并且是经审批合格的"修改用电组织设计",其次是补充的相关图纸资料。

(三) 用电技术交底资料

1. 用电技术交底的要求

由编制"临时用电组织设计"的电气技术人员,结合"临时用电组织设计"的具体内容,向建筑电工等有关人员,对技术要求较高、重要节点部位的设置、实际操作容易出现问题的重要内容,进行有针对性的技术交底。

技术交底资料应采用表格形式,明确交底日期、交底地点、交底内容,交底人与接受交底的双方要签字确认,现场安全管理人员监督交底工作,一并在交底记录上签字确认。

2. 用电技术交底的主要内容

(1) 根据用电工程总平面图,向施工人员明确施工现场临时用电线路的整体走向。

(2) 配电室建筑设计要求、配电室内的布置要求、总配电箱的位置及安装要求、外电线路接入总配电箱的要求、总配电箱部位重复接地的要求、配电室部位的防火措施要求、配电室的管理要求。

(3) 配电线路中电源(缆)线的规格与型号和敷设要求、三级配电箱(含箱内电器元件规格与型号)的要求和设置要求、重复接地的设置部位和设置的要求、用电图纸的种类和使用要求。

(4) 照明灯具的选用与各部位照明安装的要求。

(5) 防雷装置设置的要求。

(6) 外电线路、变压器、线路敷设、配电箱、用电设备的防护措施设置的要求。

(7) 电气防火措施设置的要求。

(8) 安全用电措施的具体内容和落实要求。

(9) 安全用电的注意事项。

（四）用电工程检查验收表

现行《施工现场临时用电安全技术规范》JGJ 46 第 3.1.5 条规定："临时用电工程必须经编制、审核、批准部门和使用单位共同验收，合格后方可投入使用。"

临时用电工程是随着用电设备的增加而进行的分段设置，因此对于用电工程的验收是局部施工完成后，应由编写"临时用电组织设计"的电气技术人员、建筑电工、现场安全管理人员、项目负责人共同验收，验收合格后方可投入使用。验收内容应以完成的临时用电工程的实际情况与"临时用电组织设计"和"用电技术交底"是否符合为主。验收表格应结合"临时用电组织设计"和"用电技术交底"进行设计，验收表格的名称应为"临时用电工程检查验收表"，参加验收的相关人员均应签字确认验收结果。

对于检查验收中存在的问题，在限期整改完成后，相关人员应再次验收，验收时填写临时用电工程检查验收表。

（五）电气设备的试/检验凭单和调试记录

按照现行《施工现场临时用电安全技术规范》JGJ 46 中的条文说明规定，"电气设备的试/检验凭单和调试记录"应由设备生产厂家提供，或由专业维修单位提供。

电气设备的试/检验凭单和调试记录，主要是指购置电气设备的产品合格证、产品使用说明书、维修保养记录等。

（六）接地电阻/绝缘电阻和漏电保护器漏电动作参数测定记录表

1. 接地电阻测定记录

接地电阻测定记录，应分别记录用电工程各接地装置接地电阻的各次测试时间、测试人、测定值及使用的测试仪器。中性点接地、重复接地、避雷接地装置电阻数值，必须满足现行《施工现场临时用电安全技术规范》JGJ 46 的有关规定。

2. 绝缘电阻测定记录

绝缘电阻测定记录，应记录被测试电气设备的名称、型号、编号、绝缘电阻值、测试时间、测试人和测试仪器。相间、对地，一次、二次绕组绝缘电阻值应根据设备性能、使用环境不低于最低极限规定要求，以判别绝缘是否良好。测试时间一般每月一次，由建筑电工来进行并填好实测记录。若电阻测试值小于其最低极限值，设备就要停止使用，进行检查、维修，否则继续使用可能引发事故。所以，极限值的检测特别重要。

3. 漏电保护器测定记录

漏电保护器测定记录，应记录工程名称、安装部位与编号、生产厂家、保护器型号、额定动作电流和时间、管控设备名称和容量、"A、B、C相实测动作电流和时间及试验按钮复位情况"、测试仪器型号、测定人员和证号。建筑电工每周测定一次并填好实测记录。如漏电保护器的实测数据大于现行《施工现场临时用电安全技术规范》JGJ 46 的有关规定，应立即检修合格或更新后使用，否则严禁使用。

（七）定期检（复）查表

定期检查、复查表，是指施工现场对临时用电工程进行检查、复查的记录表。用电检查工作应制定管理制度，检查人员由建筑电工和现场安全管理人员组成，采用定期或不定期方式进行，检查的重点是影响现场用电的安全因素，检查的主要项目有外电防护、三级配电、二级保护、配电线路、配电装置等。检查结果要形成书面记录，对存在的用电安全隐患，要按"三定"原则进行整改。

定期检查、复查表中应完整记录各项内容，包括检查/复查时间、检查/复查工程项目名称、检查/复查人，以及检查/复查结论等。

（八）电工安装/巡查/维修/拆除工作记录

电工安装/巡查/维修/拆除工作记录，是指建筑电工对用电工程承担的正常工作记录。各项记录必须做到及时、如实、完整，并同时注明记录时间和记录人。

二、用电安全技术档案管理

用电安全技术档案应由主管该工程项目的电气技术人员负责建立与管理。其中"电工安装、巡检、维修、拆除工作记录"可指定建筑电工代管，每周由项目负责人审核认可，并应在临时用电工程拆除后统一归档。

第九节 电气防火措施

电气设备火灾和爆炸事故，在火灾和爆炸事故中占有很大比例，引起电气火灾的原因仅次于一般明火。特别是电气设备与可燃物接触或接近时，火灾危险性更大。

一、施工用电引起的电气火灾分析

（一）线路起火

在配电线路方面引起火灾，除了安装、设计和施工方面原因外，在运行中电路的热量和电路放电的火花是引起火灾的直接原因。

（1）短路：是指相间短路、对地短路、匝间短路等，都会造成电流成几倍或几十倍增加，电气设备和线路急剧发热。

（2）过载：是指由于设计不合理或使用不当，造成热量长时间积累导致电气设备或线路温度升高。

（3）接触不良：是指导线连接不好、铜铝金属的电解作用、活动触头压实度不够、接线螺丝松动、导电接合面锈蚀等，造成接触电阻增加，导致接触部分过热，温度迅速升高。

(4) 铁芯发热：是指铁芯截面不够，硅钢片绝缘破坏，长时间过高电压使磁滞和涡流损耗增加，没有正常使用，铁芯热量积累而温度升高。

(5) 散热不良：是指电机电器在工作时都考虑了一定的空气对流，以达到散热目的，如电机的风扇、电器的散热孔、晶体管的散热片，一旦这些散热作用被破坏，则容易造成温度过高。例如，碘钨灯的表面温度可达 500～800℃，如果散热条件不好、使用时间长而造成短路，很容易引起火灾。

(6) 私接乱拉电线：是指未按照施工用电组织设计敷设电源线，造成线路绝缘的损坏，或在易燃的火灾危险场所接电源线，绝缘损坏而造成漏电和短路时易引发火灾。

（二）电火花和电弧

电火花是击穿放电现象，而大量的电火花汇集形成电弧。电火花和电弧都会产生很高的温度，在易燃易爆场所是一个重大危险源。

(1) 工作火花：是指有些电气设备正常工作时产生的火花，如触点闭合和断开过程、整流子和滑环电机的炭刷处、插销的插入和拔出、按钮和开关的断合过程等。

(2) 静电火花：是指线路、电器故障引起的火花，如熔断器熔断时的火花、过电压火花、电机扫堂火花、静电火花等。

(3) 事故火花：是指带电作业失误操作引起的火花。无论是正常火花还是事故火花，在防火防爆环境中都要限制和避免。

(4) 电弧：电弧是一种气体放电现象，是电流通过某些绝缘介质（例如空气）所产生的瞬间火花。

（三）电气设备起火

(1) 照明灯具安装在木结构、竹结构甚至竹笆、席子上，灯泡大量放热，紧靠支持物，易燃易爆物被烤焦而引发火灾。

(2) 木制配电箱、开关箱中，将开关电器直接安装在木质配电板上,当开关电器发生过载、短路故障时大量放热引起燃烧。

(3) 手持电动工具、行灯、电气设备使用时靠近易燃易爆物会引发火灾。

(4) 配电室建在易燃物附近,室内堆放易燃、易爆物品(汽油、柴油)而引发火灾。

(5) 自备发电机与储存的燃油不设隔离,宜引发火灾。

(6) 油漆、汽油等易燃物或容器放在电机、电器旁,氧气、乙炔瓶靠近电气设备易引发火灾。

电气开关、电动设备在正常运行中会产生火花,所以上述情况所产生的危险源或安全隐患,在违反操作规程的情况下易引发火灾。

二、电气防火措施

防火、防爆措施必须是综合性的。首先从组织措施入手,建立必要的电气防火管理制度、教育制度和检查制度;其次从电气防火的技术措施入手,做到选用相应类型的电气设备,保持必要的防火间距、保证电气设备的正常运行、保持良好的通风、采用耐火设施、装设良好的保护装置等。

(一) 电气防火组织措施

(1) 建立易燃、易爆和强腐蚀介质的管理制度。

(2) 建立健全电气防火责任制,加强电气防火重点场所烟火控制,设置禁火标志。

(3) 建立电气防火教育制度,经常性开展电气防火知识的宣传教育,特别是加强对施工人员的安全用电教育。

(4) 建立电气防火检查制度,发现问题及时处理,不留任何隐患。

(5) 建立电气火警预报制度,做到防患于未然。

(6) 建立电气防火领导体系及电气防火队伍,掌握扑灭电气火灾的方法。

(7) 制定电气防火措施，电气防火措施可与一般防火措施一并编制。

（二）电气防火技术措施

(1) 合理配置用电系统的短路、过载、漏电保护电器。

(2) 确保 PE 线连接点的电气连接可靠。

(3) 电气设备和线路周围不堆放易燃易爆物和腐蚀介质物，并做好阻燃隔离防护。

(4) 禁止电气设备周围使用火源，特别在变压器、发电机等场所严禁烟火。

(5) 在配电室、分配电箱等电气设备相对集中场所，配置可扑灭电气火灾的灭火器材。

(6) 按规定设置防雷装置。

三、电气火灾扑救常识

电气火灾有两个明显特点：一是着火后电气设备可能是带电的，如不注意可能引起触电事故；二是有些电气设备（如变压器、多油断路器）本身充有大量的易燃物，受热后可能发生喷油甚至爆炸，造成火灾迅速扩大。

扑灭火灾的注意事项：

(1) 迅速切断电源，防止发生触电事故。因为盲目灭火，使用可导电的灭火器灭火，将发生触电事故。火灾发生后，电气设备可能因绝缘损坏而碰壳短路，电气线路也可能因电线断落而接地短路，使正常情况不带电的金属构架、地面等部位带电，也可能导致接触电压或形成跨步电压触电。

(2) 火灾发生后，由于受潮或烟熏，开关设备绝缘能力降低。因此，拉闸时应使用绝缘工具操作；切断电源的点要选择适当，防止切断电源后影响灭火工作。

(3) 需要切断电源线时，不同相线应在不同部位剪断，以免造成短路；剪断空中电源线时，剪断位置应选择在电源方向支持物附近，以防剪断的电源线掉下来造成接地短路或触电事故。对已掉落的电源线要设置警戒区域。

（4）当一时无法切断电源时，为了争取时间，就需要采取带电灭火。带电灭火剂有二氧化碳、四氯化碳、二氟一氯一溴甲烷（简称1122）、二氧二溴甲烷和干粉灭火剂，这些都是不导电的。扑灭电气火灾时，严禁使用有导电性能的泡沫灭火剂。

（5）当火势较大，一时难以扑灭或可能引起严重后果时，应立即通知消防部门，不可延误时机。

第十节　施工现场临时用电常见事故处置方法

临时用电事故中常见的有触电事故、电器火灾事故、电气设备损坏事故。电器火灾事故在上节中讲过，这里不再重复。电气设备损坏事故基本有三种形式：一是电气设备的损坏，没有造成其他的严重后果；二是电气设备的损坏，造成电气火灾事故；三是电气设备的损坏，造成触电而导致人员伤亡。本节重点介绍触电事故。

一、触电伤害的形式

（一）电击

电击时电流通过人体内部，破坏人的心脏、神经系统、肺部造成的伤害。人身触及带电的导线、漏电设备的外壳或其他带电体，以及由于雷击或电容器放电，都可能导致电击。

（二）电伤

电伤是电流的热效应、化学效应及机械效应对人体外部造成的局部伤害，包括电弧烧伤、烫伤、电烙印等。

大多数触电事故由电击造成，通常所说的触电事故基本上是指电击。按照人体触及带电体的方式和电流通过人体的途径，触电可以分为以下几种情况。

1. 直接接触触电

（1）单相触电

当人体直接碰触电源中的一相时，电流通过人体流入大地，这种触电现象称为单相触电。例如，人站在大地上，接触到一根带电的导线时，因为大地的导电特性与大地和电力系统（发电机、变压器）的中性点互相连接，等于人又接触了另一根中性线，因而造成触电。人体单相触电如图 5-42 所示。

图 5-42　人体单相触电

目前触电死亡事故中大部分是单相触电，一般都由电器开关、照明灯头、导线及电动机损坏而造成的，如图 5-43 所示。

（2）两相触电

人体同时接触带电设备或线路中的两相导体，或在高压系统中，人体同时接近不同相的两相带电导体，发生电弧放电，电流从一相导体通过人体流入另一相导体，构成一个闭合回路，这种触电方式称为两相触电（图 5-44）。两相触电人体所受到的电压是相电压，触电后果很严重。但正常情况下，发生两相的触电情况要少于单相触电。

图 5-43 触电的形成与电流的途径

图 5-44 两相触电

2. 间接接触触电

电气设备的绝缘设置在运行中损坏时,电气设备正常工作状态下不带电的外露金属部件(外壳、构架、护罩)将存在对地电压。当人体触及这些金属部件时就构成了间接触电,也称为接触电压触电。根据历年来触电伤亡事故的统计分析,在低压配电系统中,触电伤亡事故主要是间接触电所引起的。因此，预防间接触电事故，是降低触电事故的一个重要方面。

(三) 跨步电压触电

1. 跨步电压触电

两脚跨在有接地电流流入地点周围的地面上，当跨距为 0.8m 时，两脚间的电位差，称为跨步电压。由跨步电压造成的触电称为跨步电压触电。

当电源线发生断线使导线接地时，导线与大地构成回路，导线中的电流入地后在接地点周围地面形成一个电场，电场中的电位分布不均匀。以接地点为中心画许多同心圆（图 5-45），同心圆的半径越大圆周上电位越低，半径越小圆周上电位越高。如人的双脚分开站立，会接触到地面上不同电位差，此电位差就是跨步电压。如沿半径方向的双脚距离越大，跨步电压就越高。

图 5-45　跨步电压触电图示

当人体触及跨步电压时，电流也会流过人身。虽然没有通过重要器官，仅沿着下半身流过，但当跨步电压较高时，就会发生双脚抽筋，跌倒在地上的现象。这样就可能使电流通过人体的重要器官,引起人体的触电伤亡事故。因此,在室外人们不要走近输电线路断线点 8m 以内的范围,在室内不要走近 4m 以内的范围,防止发生触电事故。如果是潮湿地面,这个范围还要扩大。

2. 发生跨步电压触电的情况和部位

(1) 带电导体特别是高压导体故障接地处,流散电流在地面各点产生的电位差造成跨步电压电击。

(2) 接地装置流过故障电流时,流散电流在附近地面各点产生的电位差造成跨步电压电击。

(3) 正常时有效工作电流流过接地装置附近,流散电流在地面各点产生的电位差造成跨步电压电击。

(4) 防雷装置受到雷击时,极大的流散电流在其接地装置附近地面各点产生的电位差造成跨步电压电击。

(5) 高大设施或高大树木遭受雷击时,极大的流散电流在附近地面各点产生的电位差造成跨步电压电击。

二、电流对人体的影响

电流通过人体后,能使肌肉收缩,造成机械性损伤。电流产生的热效应和化学效应会引起一系列急骤的病理变化,使机体遭受严重的损害。特别是电流流经心脏,对心脏的损害极为严重。极小的电流可引起心室纤维性颤动,导致死亡。电击伤对人体的伤害程度与电流的种类、大小、途径、接触部位、持续时间、人体健康状态、精神状态等都有关系。

(1) 通过人体的电流越大,对人体的影响也越大;接触的电压越高,对人体的损伤也就越大。

(2) 交流电对人体的损害比直流电大,不同频率的交流电对人体影响也不同。电流对人体的作用见表 5-12。

表 5-12　电流对人体的作用

电流 (mA)	作用的特征	
	交流（50～60Hz）	直流
0.6～1.5	开始有感觉，手轻微颤抖	没有感觉
2～3	手指强烈颤抖	没有感觉
5～7	手部痉挛	感觉痒和热
8～10	手已难以摆脱带电体，但还能摆脱，手指尖部到手腕剧痛	热感觉增加
20～25	手迅速麻痹，不能摆脱带电体，剧痛，呼吸困难	热感觉大大加强，手部肌肉收缩
50～80	呼吸麻痹，心室开始颤动	强烈的热感觉，手部肌肉收缩、痉挛，呼吸困难
90～100	呼吸麻痹，延续 3s 或更长时间则心脏停搏，心室颤动	呼吸麻痹
300 及以上	作用 0.1s 以上时，呼吸麻痹和心脏停搏，机体组织遭到电流的破坏	

（3）电流持续时间与损伤程度有密切关系。通电时间短，对机体的影响小；通电时间长，对机体损伤就大，危险性也增大。特别是电流持续时间超过人的心脏搏动周期时，对心脏的威胁很大，极易产生心室纤维性颤动。

（4）通过人体电流途径不同时，对人体的伤害情况也不同。通过心脏、肺和中枢神经系统的电流强度越大，其后果也就越严重。

（5）电流对心脏影响最大，常会产生心室纤维性颤动，导致死亡。发生触电事故时造成触电死亡的原因比较多，但常常由于心室颤动而死亡。

三、触电时的临床表现

电击造成的伤害主要表现为全身的电休克所致的"假死"

和局部的电灼伤,特别是电流通过心脏时所形成心室纤维性颤动。如电流过大还可以使心肌纤维透明性变差,甚至引起心肌纤维断裂,凝固变性。电流通过中枢时可抑制中枢引起心跳、呼吸停止。这些均可造成触电后的"假死"状态。此时伤者失去知觉,面色苍白、瞳孔放大、心跳和呼吸停止。根据临床表现人为地将"假死"分成三种类型:

(1) 心跳停止。
(2) 呼吸停止。
(3) 心跳、呼吸均停止。

对有心跳无呼吸或者有呼吸无心跳的情况,只是暂时的现象,如果抢救措施不当,就会导致触电者心跳、呼吸全部停止。当心脏停止跳动时,人体的血液循环也随后中断。呼吸中枢无血液供应时,中枢就会丧失功能,然后呼吸也就停止了。当呼吸停止时,体内各组织都无法得到氧气,心脏本身的组织会严重缺氧,所以心脏也就很快停止跳动。

触电造成的"假死"一般都是即时发生的,但也有个别触电者可以在触电后期(几分钟或几天)突然出现"假死"导致死亡。

触电时如身体受到的损伤比较轻,就不会发生"假死"的情况,但能感觉到头晕、心悸、出冷汗或恶心、呕吐等症状,皮肤灼伤处可感觉到疼痛。如果脊髓受到电流影响,还可能出现上下肢肌肉瘫痪(自主呼吸存在),往往需要较长的时间(3~6个月,甚至更长)才能恢复。

局部的电灼伤常见于电流进出的接触处,当人体组织有较大电流通过时,组织会受到灼伤,其形成的原因主要是人体的皮肤、肌肉等组织均存在一定的电阻;有电流通过时,瞬间释放出大量的热能,因而灼伤组织。电灼伤的面积有时虽小,但会较深,大多为三度烧伤,有时可深达骨骼,比较严重。灼伤处呈焦黄色或褐黑色,创面与正常皮肤有较明显的界限。一般电流进入人体的灼伤口为一个，但电流流出的灼伤口可能达到一个或一个以上。

四、施工现场临时用电常见事故的处置方法

施工现场临时用电常见的触电事故主要是低压触电，高压触电的情况极少发生。因此发生触电后应按抢救流程进行处置。

（一）触电事故抢救流程

触电事故抢救流程如图 5-46 所示。

图 5-46　触电事故抢救流程

（二）脱离低压电源的方法

脱离低压电源的方法，可用"拉""切""挑""拽"和"垫"五字来概括。

1."拉"

"拉"就是指就近拉开电源开关，切断电源。

施工现场临时用电系统是三级配电，而且要求是一机一

闸。因此，施工现场发生触电的位置，基本是在外电线路进入配电室之间的线路上，或者总配电箱至各分配电箱之间的线路上，或者分配电箱至各开关箱之间的线路或用电设备上，不会发生在其他位置。因此，发生触电事故后，首先要判定触电环节，然后切断发生触电的电源或用电设备配电箱中的电气开关。

2．"切"

"切"就是指用带有绝缘护柄的利刃切断电源线。当电源开关距离触电现场较远时，可利用带有绝缘手柄的电工钳或有干燥木柄的斧子、铁锹等将电源线切断。对二芯、三芯、四芯、五芯电源线，应分相切断，防止发生短路伤人。断电后的电源线不可随意扔在地上，特别是扔在潮湿地面上，应放在干燥地面上或者绝缘的垫板上，并设置警示标识。

3．"挑"

如果电源线搭落在触电者身上或者压在身下，可用干燥的木棒、竹竿等挑开电源线，或者用干燥的绝缘绳套拉导线或触电者，使其脱离电源。

4．"拽"

"拽"是指救援人员戴上绝缘手套，或者用干燥衣服、围巾、帽子等绝缘物，把触电者"拽"离电源。如果触电者的衣裤是干燥的，又没有紧缠在身上，救援人员可直接用一只手抓住触电者不贴身的衣裤，将触电者"拽"离电源。必须注意的是：拖拽触电者时，切勿接触到触电者的体肤。救援人员也可以站在干燥的木板、木桌椅或橡胶绝缘物上，用一只手把触电者"拽"离电源。

5．"垫"

如果触电者由于痉挛手指紧握电源线，或者电源线缠绕在身上，救援人员可先用干燥木板塞入触电者身体下，使其与地面绝缘隔离电源，然后采取其他办法切断电源。

(三) 脱离高压电源的方法

由于电压等级高，一般绝缘物品不能保证救援人员的安全，而且高压电源开关距离现场一般都较远，不方便拉闸。因此，使触电者脱离高压电源的方法与脱离低压电源的方法有所不同，通常做法是：

(1) 立即电话通知有关供电部门拉闸停电。

(2) 如电源开关离触电现场不是很远，可以戴上高压绝缘手套，穿上绝缘鞋，拉开高压电源断路器，或用绝缘棒拉开高压跌落保险，切断电源。

(3) 如果触电者触及断落在地上的带电高压线，且尚未确定线路无电之前，救援人员不可进入断线落地范围 8～10m 以内，防止跨步电压触电。进入该范围的救援人员必须穿上绝缘鞋，或者临时双脚并拢跳跃式地接近触电者。触电者脱离带电导线后，应迅速将其带至 8～10m 之外的安全距离后，再进行触电急救。必须在确定线路无电的情况下，才可以在触电者离开导线后就地急救。

(四) 触电者脱离电源时的注意事项

(1) 救援人员不得采用金属和其他潮湿的物品作为救护工具。

(2) 未采取绝缘措施前，救援人员不得直接触及触电者的皮肤或潮湿的衣服。

(3) 在拉拽触电者脱离电源过程中，救援人员应单手操作，保证救援人员的人身安全。

(4) 当触电者位于高处时，应采取措施预防触电者在脱离电源后坠地摔伤。

(5) 夜间发生触电事故时，应考虑切断电源后的临时照明问题，以方便救护。

(五) 现场救护

触电者脱离电源后，应立即就地进行抢救，即在不消极等待医护人员到来之前,在现场采取正确救护的同时,立即拨打"120"并同时做好将触电者送往医院的准备工作。根据触电者的受伤害情况,现场救护应采取以下几种抢救措施。

1. 触电者未失去知觉的救护措施

如果触电者受到的伤害不严重,意识尚清醒,只是心悸、头晕、出冷汗、恶心、呕吐、四肢乏力,甚至一度昏迷,但未失去知觉,应让触电者在通风暖和处静卧休息,派人仔细观察,同时送医院检查治疗。

2. 触电者已经失去知觉的救护措施

如果触电者已经失去知觉,但呼吸和心跳尚正常,应使其平卧、解开衣扣以利呼吸,四周不要围挡,保持空气流通,冷天时应注意保暖。若发现触电者呼吸困难或心跳失常,在救护车到达现场之前,应立即使用施工现场医务室的氧气袋进行输氧,或者按压心脏。

3. 对"假死"者的急救措施

如果触电者呈现"假死"现象,可能有三种临床症状:一是心跳停止,但尚能呼吸;二是呼吸停止,但心跳尚存(脉搏微弱);三是呼吸和心跳均已停止。将脱离电源的触电者转移到通风、干燥的地方,使其仰卧并将上衣、裤带放松,然后采用"看""听""试"的方法进行判断"假死"的症状。

"看"是观察触电者的胸部、腹部有无起伏动作,瞳孔是否放大。

"听"是用耳朵贴近触电者的口鼻处,静听有无呼气声音。

"试"是用手或小纸条测试口鼻处有无呼吸气流,再用两手指轻压一侧(左或右)喉结旁凹陷处的颈动脉有无搏动感觉。

当判定触电者呼吸和心跳停止时,应立即按心肺复苏法就地抢救。心肺复苏法就是保持生命的三项基本措施,即通畅气道、人工呼吸、胸外按压。

（六）电伤的处理

电伤是触电引起的人体外部损伤（包括电击引起的摔伤）、电灼伤、电烙伤、皮肤碳化等组织的损伤，需要到医院治疗。触电者没有送到医院之前，在现场也应进行必要的处理，防止细菌感染、损伤扩大。

（1）对于一般性的外伤创面，可用无菌生理盐水或清洁的温开水冲洗，再用消毒纱布及绷带包扎，然后将触电者护送去医院。

（2）如伤口大出血，要立即设法止血。压迫止血法是最简单的临时止血法，即用手指、手掌或止血橡皮带在出血处供血端将血管压瘪在骨骼上止血，同时迅速将触电者送往医院抢救。如果伤口出血不严重，可用几层消毒纱布覆盖在伤口处压紧止血。

（3）高压触电造成的电弧灼伤，伤口深度可达到骨骼，处理十分复杂。现场救护可用无菌生理盐水或清洁的温开水冲洗，再用酒精全面涂擦，然后用无菌的纱布和绷带进行包扎后，送医院救治。

（4）对因触电摔跌而骨折的触电者，应先止血、包扎，然后用木板、竹竿、木棍等物品将骨折处临时固定后，送医院救治。

下 篇
安全操作技能

第六章 配电线路的选择、敷设和维护

配电线路是指为满足现场施工需要而敷设的供电线路,包括室外线路和室内线路。室外线路主要有架空敷设和埋地敷设两种,室内线路通常有沿墙敷设和暗敷设两种。

通常电流传输的方式是点对点传输。电源线按照用途可以分为 AC 交流电源线及 DC 直流电源线。通常 AC 交流电源线是通过电压较高的交流电的线材,这类线材由于电压较高需要统一获得安全认证后方可正式生产。DC 直流电源线基本是通过电压较低的直流电,因此在安全上要求并没有 AC 交流电源线严格,但是为安全起见,世界各国还是要求统一安全认证。

第一节 熟悉电源线和电缆线的基本情况

一、电源线

(一) 电源线的概念

电源线就是传输电流的电线。一般通常将芯数少、结构简单、截面面积$\leqslant 6mm^2$ 的电源线简称为电线。

(二) 电源线的结构

电源线的结构从内到外主要由导体、内护套绝缘层、外护套保护层等组成,常见的导体有铜或铝质的金属(图 6-1)。

电源线的外护套又称为保护护套,是电源线最外面的一层护套。这层外护套起着保护电源线的作用。外护套有耐高温、耐低温、抗自然光线干扰、韧性好、使用寿命长、材料环保等特性。内护套又称为绝缘护套,是电源线不可缺少的中间结构部分。绝缘护套顾名思义能绝缘,保证电源线的通电安全,让导体和空气之间不会产生漏电现象,且绝缘护套的材料要柔软,保证能很好地镶在中间层。

图6-1 电源线的结构

(三) 电源线的型号

电源线的型号一般由分类用途代号和材料结构等特性代号组成。

1. 分类用途代号

B—布电线;R—日用电器用软线;BB—玻璃丝编制涂蜡布电线。

2. 结构代号

T—铜;L—铝;X—橡皮(在护套电线中可省略);V—塑料(聚氯乙烯);H—橡套;V—塑料护套;M—棉纱编织涂蜡(可省略);BL—玻璃丝编织涂蜡。

(四) 常用电源线的规格、型号及用途(表6-1)

表6-1 常用电源线规格、型号及用途

型号	名称	交流电压(V)	线截面面积(mm²)	性能及用途
BX	铜芯橡皮线	500	0.75~500	—
BLX	铝芯橡皮线	500	2.5~400	—

续表

型号	名称	交流电压（V）	线截面面积（mm^2）	性能及用途
BXR	铜芯橡皮软线	500	0.73～400	—
BBXR	铜芯玻璃丝编织橡皮软线	500	0.75～95	—
BBX	铜芯玻璃丝编织橡皮软线	500	0.75～95	—
BV	聚氯乙烯绝缘线（单芯）	500	0.5～185	耐油、耐燃，潮湿的室内使用，工作温度≤65℃，不得直接埋入抹灰层中
BLV	聚氯乙烯绝缘线（单芯）	500	0.5～400	耐油、耐燃，潮湿的室内使用，工作温度≤65℃，不得直接埋入抹灰层中
BVV（BLVV）	聚氯乙烯绝缘护套线（一至三芯）	500	0.2～10	耐油、耐燃，潮湿的室内使用，工作温度≤65℃，不得直接埋入抹灰层中
BXF（BLXF）	氯丁橡皮绝缘线（单芯）	500	0.75～95	抗油性、不易霉、不延燃、耐日晒、耐寒、耐腐蚀环境使用，工作温度≤65℃
BVB	聚氯乙烯绝缘线（单芯）	500	0.75～50	仪表、开关连接等软线连接部位使用，工作温度≤65℃

二、电缆线

（一）电缆线的概念

电缆线是指用于电力、电气设备及相关传输用途的材料，一般通常将芯数多、结构复杂、导体截面面积＞6mm^2 的导线称为电缆。施工现场临时用电系统中常用电缆线的组成如图 6-2 所示。

图 6-2 常用电缆线的组成

（二）电缆线的结构

电缆线从内到外主要由导体、绝缘层、包带、内衬、铠装层、填充物、外护层等组成。常用电缆线的组成结构，如图 6-3 所示。

图 6-3 常用电缆线的组成结构

（三）电缆线的型号

电缆线的型号由分类用途代号和材料结构等特性代号组成。

1. 分类用途代号

不标—电力电缆；K—控制电缆；P—通信电缆；S—射频电缆。

2. 结构代号

（1）绝缘种类：V—聚氯乙烯；X—橡胶；Y—聚乙烯；

YJ—交联聚乙烯;Z—油浸纸。

(2)导体材料:L—铝;T(可省略)—铜。

(3)内衬:V—氯乙烯护套;Y—聚乙烯护套;L—铝护套;Q—铅护套;H—橡胶护套;F—氯丁橡胶护套。

(4)外护层:包括铠装层和外被层,用两位数字表示,第一位数字表示铠装,第二位数字表示外被,如粗钢丝铠装纤维外被表示为41。

铠装层:0—无;2—双钢带;3—细钢丝;4—粗钢丝。

外被层:0—无;1—纤维外被;2—聚氯乙烯护套;3—聚乙烯护套。

(5)阻燃电缆:在代号前加 ZR,耐火电缆在代号前加 NH。

ZR—阻燃型;NH—耐火;YJ—交联聚乙烯绝缘;V—聚氯乙烯外护套。

(四)常用电缆线的规格、型号及用途(表 6-2)

表 6-2　常用电缆线的规格、型号及用途

型号	名称	交流电压(V)	截面面积(mm^2)	性能及用途
VV(VLV)	聚氯乙烯绝缘护套电力电缆(一至四芯)	≤1000	一芯 1.5~500 二芯 1.5~150 三芯 1.5~300 四芯 4~185	输配电线路使用,工作温度≤65℃,环境温度＜0℃,敷设时必须先加热,弯曲半径不小于电缆外径的 10 倍
VV_{22}(VLV_{22})	塑料绝缘护套内钢带铠装铜(铝)芯电力电缆	≤1000	1.0~400	能承受机械外力

续表

型号	名称	交流电压(V)	截面面积(mm²)	性能及用途
XV(XLV)	橡皮绝缘聚氯乙烯护套电力电缆（一至四芯）	≤6000	XV 一芯 1.5～240 XLV 一芯 2.5～630 XV 二芯 1～185 XLV 二芯 2.5～240 XV 三至四芯 1～185 XLV 三至四芯 2.5～240	输配电线路使用，工作温度≤65℃，环境温度-15℃，弯曲半径不小于电缆外径的10倍
ZQ(ZLQ)	铜（铝）芯绝缘裸铅包电力电缆	≤1000	2.5～300	对电缆应没有外力
RVV	聚氯乙烯绝缘铜芯软电缆	500	0.5～4	适用于小型电动工具、仪表及动力照明
YQ YQW	轻型橡皮绝缘护套电缆（一至三芯）	<250	0.3～0.75	适用于轻型移动电气设备，YQW 型具有一定耐油性
YZ YZW	中型橡皮护套电缆（一至四芯）	<500	0.5～6	适用于轻型移动电气设备，YQW 型具有一定耐油性
YC	重型橡皮护套电缆（一至四芯）	<500	2.5～120	适用轻型移动电气设备，YQW 型具有一定耐油性

三、电源线的颜色

相线、N 线、PE 线的颜色标记必须符合《施工现场临时用电安全技术规范》JGJ 46—2005 的 5.2.11 条规定：相线 L_1（A）、L_2（B）、L_3（C）相序的绝缘颜色依次为黄、绿、红色；N 线的绝缘颜色为淡蓝色；PE 线的绝缘颜色为绿/黄双色。任何情况下上述颜色标记严禁混用和互相代用，如图 6-4 所示。

图 6-4　电源线的颜色

第二节　常用电源线的选择与敷设

一、配电线路的选择

施工现场临时用电的配电线路，应从敷设方式、使用环境方面确定电源（缆）线类型；根据外电供给和现场用电设备的电压和电流等，计算所需要类型电源（缆）线的截面面积。

（一）电源（缆）线类型

（1）从外电线路变压器进入施工现场配电室，一般应选用塑料绝缘护套内钢带铠装铜（铝）芯电力电缆线，当选用无铠装电缆线时，应具备防水与防腐功能。

（2）从总配电箱到分配电箱，从分配电箱到开关箱，从开关箱到用电设备，一般应选用橡皮护套电缆和聚氯乙烯绝缘铜芯软电缆。

（3）办公和生活一般应选用聚氯乙烯绝缘护套线。

（二）电源（缆）线截面面积

根据《施工现场临时用电安全技术规范》JGJ 46—2005 的有关规定，按机械强度条件选择，电源（缆）线应有足够的机械强度，最小允许截面面积见表 6-3。

表 6-3 按机械强度要求的导线最小允许截面面积

用途	线芯最小截面面积（mm^2）	
	铜线	铝线
照明用灯头引下线：		
1. 室内	0.5	2.5
2. 室外	1.0	2.5
设置在绝缘支架上的绝缘导线，其支持点间距为：		
1. 2m 及以下，室内	1.5	10
室外	2.5	10
2. 6m 及以下	4	10
3. 16m 及以下	6	10
4. 25m 及以下	—	10
使用绝缘导线的低压接户线：		
1. 档距 10m 以下	2.5	4
2. 档距 10~25m	4	6
穿管敷设的绝缘导线	6	10
架空线路（1kV 以下）		
1. 一般位置	10	16
2. 跨越铁路、公路、河流	16	25
电气设备保护零线	2.5	不允许
手持式用电设备电缆的保护零线	1.5	不允许

二、常用配电线路的敷设

建筑施工现场临时用电工程专用的电源中性点直接接地的

第六章 配电线路的选择、敷设和维护

220/380V三相四线制低压电力系统,必须按照现行《施工现场临时用电安全技术规范》JGJ 46的1.0.3条规定,实行的是三级配电系统。

一般情况下认为从总配电箱、分配电箱、开关箱至用电设备属于三级配电,但实际接线是四级接线系统(图6-5)。从外电线路变压器至施工现场配电室的总配电箱为第一级接线,一般容易忽视。因此,不同级别的接线,线路的敷设方式应不同,在编制临时用电组织设计时,要结合实际情况设计有针对性的线路敷设方式。建筑施工现场临时用电系统常见有埋地、架空和沿墙壁敷设三种方式,敷设电缆线的部位应设置方位标志和安全警示标志。严禁在没有防护的情况下沿地面明装敷设电缆线。

图6-5 施工现场临时用电的配电与接线

(一) 直接埋地

在变压器至配电室总配电箱之间的电缆线,因为需要采用三相四线或三相五线的电缆线,因此应采用埋地方式敷设电缆线。

1. 埋地的特点

直接埋地电缆线的特点是施工简单、投资少、散热好、防护好、不易受损。

2. 埋地位置

直接埋地敷设电缆线时，应避开地下积水或存水处、有可能经常开挖的部位、计划搭设临时建筑物、贮存易燃易爆物或散发腐蚀性气体或溶液的地方。

3. 埋地方法

电缆线直接埋地敷设的深度不应小于 0.7m，并应在电缆上、下、左、右侧均匀敷设不小于 50mm 厚的细砂，细砂上面覆盖砖或混凝土板等保护层，保护层上面再回填软土。软土中不得掺有石块或建筑垃圾。电缆线应比电缆沟长 1.5%～2%。电缆沟的形状和尺寸如图 6-6 所示。

图 6-6　电缆直接埋地

4. 电缆线接头的处理

（1）埋地电缆的接头应设在地面上的接线盒内，接线盒应能防水、防尘、防机械损伤，并应远离易燃、易爆、易腐蚀场所。

(2) 电缆线接线头应牢固可靠，进行绝缘防水处理，保持绝缘强度，不得承受张力。

5. 直接埋地电缆线的防护

(1) 埋地电缆线在穿越建筑物、构筑物、楼板及墙壁、道路、易受机械损伤、介质腐蚀场所部位，以及引出地面从 2m 高至地下 20cm 之间，必须加设防护套管。防护套管内径应大于电缆线外径的 1.5 倍，防护套管的弯曲半径应大于所穿入电缆线允许弯曲的半径。

(2) 电缆线与建筑物平行敷设时，电缆线应设在建筑物的散水坡外。电缆线引入建筑物时，所穿防护套管应超出建筑物散水坡 10cm。

(3) 在建工程内的电缆线路必须采用埋地引入，埋地电缆线与其附近外电电缆线和管沟的平行间距不得小于 2m，交叉间距不得小于 1m。

(二) 架空线路

架空线路由导线、电杆、横（纵）担、绝缘子四部分组成。

1. 电杆

电杆是用来支持绝缘子和导线的，并保持导线对地面有足够的距离，以保证人身安全。常用的电杆有木杆和混凝土杆两种。

(1) 混凝土线杆不得有露筋、宽度大于 4.0mm 的环向裂纹或扭曲；木杆不得腐朽、弯曲，根部必须涂防水涂料或烧焦处理，梢径不应小于 40mm。

(2) 电杆顶部一般预留 10～30cm 设置横担（纵担），根据建筑施工现场临时用电系统的实际情况设置纵担。

(3) 电杆埋设深度与土质有关，一般土质电杆埋深为电杆长度的 10%＋0.6m；松软土质情况下，应适当加大埋设深度或采用卡盘加固。

(4) 在电杆距地面 2.5m 以上位置与地面 30°～45°夹角,设置固定电杆的拉线。拉线宜采用镀锌铁线,埋地深度不小于 1m,拉紧绝缘子应在电杆上。如使用撑杆代替拉线,撑杆埋深不得小于 0.8m,底部应垫底盘或石块,撑杆与电杆夹角宜为 30°。

2. 架设方式

架设路线应选择直线距离最短的,架空电源线应沿电杆、支架或墙体敷设,不得沿树木、层面敷设,严禁沿脚手架敷设。

3. 架设位置

电源线架设的路径应保证电源线不受到机械损伤和介质腐蚀。

4. 架设方法

(1) 架空电源线距离地面最小垂直距离。施工现场≥4m,机动车道≥6m;相邻的线杆或支架间距应控制在 20～35m 之间,如图 6-7 所示。

图 6-7 架空线路的间距和弧垂

(2) 架设时应使用绝缘子固定电源线并用绝缘线绑扎牢固,如图 6-8 所示。

图 6-8 架空电源线的固定

（3）可以使用钢索固定在相邻的两个电杆或支架上，然后将电源线使用专用挂钩挂在钢索上，这样能避免电源线自重带来的截面减小，如图 6-9 所示。为塔式起重机供电的这种架空电缆线的敷设方式，只适用于基础施工阶段，待基础施工结束后，结合实际情况调整为埋地敷设或沿墙敷设。

图 6-9 架空线路的敷设

5. 电源线接头的处理

架空电源线接头应牢固、可靠，做绝缘和防水处理，不得承受张力。

6. 架空线路的防护

（1）架空线路的边线与建筑物凸出部分距离应不小于1m。

（2）由于建筑施工现场内架空电源线的敷设影响起重吊装作业，特别是在塔式起重机起重臂的作业半径范围内，不应采用架空方式敷设电源线。

（三）沿墙敷设

1. 沿墙敷设的部位

建筑施工现场围挡部位、办公与生活区域、在建主体内。

2. 沿墙敷设的要求

（1）垂直敷设应充分利用在建工程竖井、垂直孔洞等，并宜靠近用电负荷中心，固定点每楼层不得少于一处。水平敷设宜沿墙或门口刚性固定，最大弧度垂直距离地面不低于2m。

（2）采用瓷（塑料）夹固定电源线时，应将瓷瓶、瓷（塑料）夹固定在墙壁和顶棚上；瓷（塑料）夹间距不应大于0.8m，电源线间距不应小于3.5cm；采用瓷瓶固定电源线时，瓷瓶间距不应大于1.5m，电源线间距不应小于10cm。瓷瓶固定及电源线的敷设形式如图6-10所示。

(a) 瓷瓶固定在顶棚　　　(b) 瓷瓶固定在墙壁

图6-10　瓷瓶固定及电源线的敷设形式

（3）采用电缆槽敷设电源线时，电缆槽应紧固在墙壁上且不得松动、破裂露出电源线。使用金属材料的电缆槽时，电缆槽之间应做电气连接。电缆槽的设置与电源（缆）线的敷设如图 6-11 所示。

(a) 电缆槽外部 (有电缆标识)

(b) 电缆槽内部 (打开面板)

(c) 电缆槽设置

图 6-11　电缆槽的设置与电源（缆）线的敷设

（4）采用钢索固定电源线时，钢索吊架间距不宜大于 12m。采用护套绝缘导线或电缆时，可直接敷设于钢索上。钢索敷设电缆线如图 6-12 所示。

三、配电线路的维护

（一）直接埋地

（1）检查全部直接埋地线路的状况，对塌陷部位应重新开挖，检查确认没有隐患后再回填压实；修复损坏的埋地标志。

图 6-12 钢索敷设电缆线

（2）检查进出地面处电缆线部位的保护套管，如有损伤要及时修复。

（3）检查直接埋地线路沿线的施工作业情况，有影响到埋地电缆安全的，应立即要求停止施工，报告安全员和项目负责人处理。

（二）架空线路

（1）检查全部电杆是否倾斜、埋设是否牢固、横（纵）担是否位移、拉线是否紧固、绝缘磁瓶是否损坏、固定螺栓是否牢固。

（2）检查架空电源线弧垂是否低于要求的高度，固定电源线的绑线是否松动。

（3）检查附着电源线的钢索是否下垂明显，专用挂钩是否损坏，支撑钢索的支架是否变形、移位，紧固螺帽是否丢失或松动。

（三）沿墙敷设

（1）检查敷设电源线墙面是否变形或位移，有无倒塌的

第六章 配电线路的选择、敷设和维护

可能。

（2）检查电源线的支架或者线槽是否固定牢固，螺栓是否松动，螺帽是否丢失，线槽的电气连接是否可靠、是否会产生短路。

（四）日常检查内容

检查电源线是否有破损，接头是否牢固，绝缘及防水处理是否完好，连接电源线的接线端子螺栓是否松动，接线是否虚接等。

（五）线路维修要求

对检查中发现的问题，要立即整改，合格后再继续使用，严禁"带病"使用。

第七章　施工现场临时用电系统的设置

第一节　配电室的设置

一、配电室位置的选择

配电室应靠近电源，并应设在灰尘少、潮气少、振动小、无腐蚀介质、无易燃易爆物、地势高、上风侧、远离明火和热源以及道路畅通的地方。

二、配电室的建筑要求

（1）配电室要独立设置，建筑物耐火等级不低于3级，室内配置砂箱和可用于扑灭电气火灾的灭火器。

（2）配电室的长度和宽度根据安装总配电箱的数量来确定；长度不足6m时设置一个门，长度6～15m时两端各设一个门；门宽度一般应为1～1.2m，门高度一般应为2.2m；配电室内净高度不得低于3m。

因为建筑施工现场一般都设置一个总配电箱，最多是八回路的总配箱，八回路总配电箱的尺寸是高度2m、宽度0.9m、厚度0.55m，前后双面开门，门的宽度约为0.85m。

（3）配电室应设置向外开启的窗户，窗户外侧上部安装分水板，防止雨雪侵入。

（4）配电室门口上方的墙壁上，应设置换气扇保证通风顺畅。

（5）配电室内应设置正常照明和事故照明，照明开关应设在门外或进门处。

（6）配电室地面应敷设橡胶地板并保持整洁，不得堆放任何杂物。

（7）配电室的门向外开，门口处设置不低于30cm高的挡鼠板，防止动物进入。门上应配锁。

配电室及其内部布置如图7-1、图7-2所示。

图7-1　配电室

图7-2　配电室内部布置

第二节 总配电箱的设置

根据现行规范规定,总配电箱应设置在靠近电源的区域,而且总配电箱的设置还应符合现行规范的有关规定,即总配电箱应设置在配电室里。

(1) 总配电箱正面的操作通道宽度,单列布置或双列背对背布置不小于1.5m,双列面对面布置不小于2m。

(2) 总配电箱后面的维护通道宽度,单列布置或双列面对面布置不小于0.8m,双列背对背布置不小于1.5m,个别地点有建筑物结构凸出的地方,此点通道宽度可减小20cm。

(3) 总配电箱侧面的维护通道宽度不小于1m。

(4) 总配电箱安装在20cm高基座上,基座还应具备电缆沟的作用,进出总配电箱的电源线应从基座中走线。

结合当前建筑工程项目的规模情况,以及临时用电安全与经济成本的考虑,一个配电室内设置一个总配电柜较为妥当。

总配电箱布置如图7-3、图7-4所示。总配电箱基座如图7-5所示。

图7-3 总配电箱布置(1)

第七章 施工现场临时用电系统的设置

图 7-4 总配电箱布置（2）

图 7-5 总配电箱基座

第三节 分配电箱的设置

一、分配电箱的位置选择

(1) 分配电箱应设置在用电设备相对集中部位，并且要设置在灰尘少、潮气少、振动小、无腐蚀介质、无易燃易爆物、地势高、上风侧、远离明火和热源以及道路畅通的地方。

(2) 分配电箱周围应有 2 人同时工作的空间和通道，周围不得堆放任何妨碍操作的物料，并且不得有灌木或杂草。

二、分配电箱的安装要求

(1) 分配电箱按实际工作需要，可设置为固定式或移动式，并且固定在制式的钢质支架上，钢质支架应与分配电箱中的保护零线进行可靠的电气连接。

(2) 固定式分配电箱的中心点与地面的垂直距离应为 1.4～1.6m（图 7-6），移动式分配电箱的中心点与地面的垂直距离应为 0.8～1.6m。

(3) 分配电箱与开关箱的距离不得超过 30m。

图 7-6　固定分配电箱的安装

第四节 开关箱的设置

一、开关箱的位置选择

（1）开关箱应设置在用电设备处，与其控制的用电设备水平距离不宜超过 3m。

（2）开关箱周围应有 2 人同时工作的空间和通道，周围不得堆放任何妨碍操作物料，并且不得有灌木或杂草。

二、开关箱的安装要求

（1）开关箱按实际工作需要，可设置为固定式或移动式，并且固定在制式的钢质支架上，钢质支架应与箱中的保护零线进行可靠的电气连接。

（2）固定式开关箱的中心点与地面的垂直距离应为 1.4～1.6m，移动式开关箱的中心点与地面的垂直距离应为 0.8～1.6m（图 7-7）。

图 7-7 移动开关箱的安装

第五节 电源线的连接

一、电源线连接应具备的条件

（1）电源线接头不能增加电阻值，接触要紧密、接头电阻要小、稳定性要好，电阻比应小于同长度截面面积的其他类电源线。

（2）受力电源线不能降低原机械强度，接头的机械强度不应小于电源线机械强度的 80%。

（3）不能降低原绝缘强度，接头的绝缘强度应与电源线的绝缘强度一致。

因此，电源线做电气连接时，必须先削掉绝缘层再进行连接，然后加焊锡，再包缠绝缘材料。

二、剥削绝缘层使用的工具及方法

（一）剥削绝缘层使用的工具

由于各种电源线截面面积、绝缘层厚度、分层数量不同，使用剥削的工具也不同。常用的工具有电工刀、钢丝钳和剥线钳，可以进行削、勒及剥削绝缘层。一般 $4mm^2$ 以下的电源线，原则上使用剥线钳；使用电工刀时，不允许使用刀刃在导线周围转圈剥削绝缘层。

应该特别注意：剥削绝缘层时，不可割伤线芯，否则会降低电源线的机械强度，并且会因电源线的截面面积减小而增加电阻，减小安全载流量。

（二）剥削绝缘层的方法

按照接头的方法和导线截面面积的不同，确定剥削绝缘层的长度。

1. 单层剥削法

适用于塑料绝缘线，按适当长度整齐剥削绝缘层（图7-8）。

不允许使用电工刀转圈剥削绝缘层,应使用剥线钳。

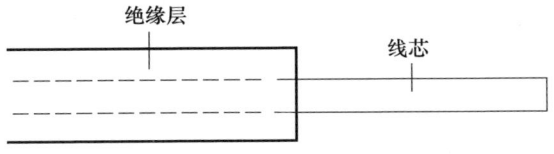

图 7-8　单层剥削法

2. 分段剥削法

一般适用于橡皮线、护套线等多层绝缘电源线剥削,用电工刀先削去外层绝缘层,并留有约 15mm 内绝缘层,线芯长度按接线方法和要求的机械强度确定(图 7-9)。

图 7-9　分段剥削法

3. 斜削法

一般适用于橡皮线、护套线等多层绝缘电源线剥削,用电工刀以 45° 倾斜切入绝缘层,当切近线芯时应停止用力,然后将刀面倾斜角改为 15° 左右,沿着线芯表面向电源线头部推出,然后把残存的绝缘层剥离线芯(图 7-10)。

图 7-10　斜削法

4. 塑料硬线绝缘层的剥削

1）线芯截面面积为 4mm² 或以下的塑料硬线，一般用钢丝钳或剥线钳剥削绝缘层，钢丝钳使用方法如下：

（1）用左手捏住电源线，根据线头所需要的长度，用钢丝钳口切割绝缘皮，但不可切入线芯。

（2）用右手握住钢丝钳头部用力向外去除绝缘皮，如图 7-11 所示。

（3）如发现芯线损伤较大应重新剥削。

图 7-11　钢丝钳剥削塑料硬线绝缘层

2）线芯截面面积大于 4mm² 的塑料硬线，可用电工刀来剥削绝缘层，如图 7-12 所示。

图 7-12　电工刀剥削塑料硬线绝缘层

方法如下：

（1）根据需要的长度用电工刀先以 45°角倾斜切入塑料绝缘层，刀口向外，不伤线芯。

(2)刀面与线芯保持25°角左右,刀口向外,用力向电源线头部推削,可切入到线芯表面,但不可伤到线芯,削去塑料绝缘层。

(3)将余下塑料绝缘层向后扳翻,用电工刀切去。

5.塑料护套软线绝缘层的剥削

塑料护套软线绝缘层应使用剥线钳或钢丝钳剥削。使用剥线钳时,先将要剥削的绝缘长度确定好,然后把电源线放入刃口中,握紧钳柄,电源线被削掉的绝缘皮自动弹出。

6.塑料护套线绝缘层的剥削

塑料护套线绝缘层必须用电工刀来剥削,如图 7-13 所示,方法如下:

(a) 刀刃在线芯缝隙间划开护套层　　(b) 扳翻护套层并齐根切掉

图 7-13　塑料护套线绝缘层的剥削

(1)按所需长度用电工刀刃尖部对准线芯缝隙间划开保护层。

(2)向后扳翻护套层,用力切去。

(3)其他剥削方法如同塑料硬线绝缘层的去除方法。

三、电源线的连接

(一)铜导线的连接

1.单股铜芯导线的连接

(1)绞接法一

适用于直径不大于 2.6mm(截面面积 6mm^2 及以下的线

171

芯）的连接。连接方法是将导线互绞绕 3 圈后，将线头紧密环绕另一线头 5~7 圈，如图 7-14（a）所示。

（2）缠绕法

适用于直径大于 2.6mm（截面面积 10mm² 及以上线芯）的连接。连接方法是用直径约为 1.6mm（截面面积约 2.5mm² 线芯）裸铜线做绑线，缠绕两根要连接的导线（分三段缠绕，搭接处、搭接处两侧，确保连接的导线接触良好不松动），连接的两线头要弯起或倒转防止松动。导线直径在 5mm 及以下时，绑线缠绕长度为 60mm；导线直径在 5mm 以上时，绑线缠绕长度为 90mm，如图 7-14（b）所示。

（3）绞接法二

适用于粗细不等的单股导线连接。连接方法是先用细直径线芯缠绕粗直径线芯 5~7 圈后，将粗直径线头转过来压紧，再用细直径线芯紧密缠绕若干圈，如图 7-14（c）所示。

图 7-14 单股铜芯导线的连接

2. 合股铜芯导线的连接

1) 合股铜芯电源线的直接连接

(1) 分支绞接法一

适用于导线直径≤2.6mm（截面面积 6mm^2 及以下线芯）的单股铜芯导线的梯接。连接方法是将梯接线在梯接处按一个方向紧密缠绕 5~7 圈，如图 7-15（a）所示。

(2) 分支绞接法二

适用于导线直径≤2.6mm（截面面积 6mm^2 及以下线芯）的单股铜芯导线的梯接。连接方法是将梯接线在梯接处先按一个方向缠绕 1 圈，包抄过来，在另一方向反方向缠绕 5~7 圈，如图 7-15（b）所示。

(3) 分支缠绕法（绑接法）

适用于导线直径＞2.6mm（截面面积 10mm^2 及以上线芯）导线的梯接。连接方法是将梯接头弯成"7"字形，与梯接导线紧贴在一起，用直径约为 1.6mm（截面面积相当于 2.5mm^2 线芯）的裸铜线做绑线，用"缠绕法"紧密缠接，如图 7-15（c）所示。

图 7-15 合股铜芯导线的连接

2) 合股铜芯电源线的丁字连接

适用于任何精细的合股导线的连接。连接方法是把合股导线解开，根部保留 1/3 绞紧部分，若松开要将其绞紧，如图 7-16 所示。

图 7-16 合股铜芯导线的丁字连接

第一步，把两条合股导线的股线顺次相互交错（叉接），再捏成平股芯线。

第二步，沿各自方向依次垂直紧密缠绕每股导线，直到将所有单股线缠绕完；股芯数较多时，可先从邻近的两根股线并绕，每股不少于两圈；最后用三根股线密绕至根部。

第三步，线头整形压紧。

（二）铝导线线头的连接

铝的表面极易氧化，而且这类氧化铝膜的电阻率又高，除小截面铝芯线外，其余铝导线都不采用铜芯线的连接方法。在电气线路施工中，铝线线头的连接常用螺钉压接法、压接管压接法和沟线夹螺钉压接法三种。

第七章 施工现场临时用电系统的设置

1. 螺钉压接法

将剖除绝缘层的铝芯线头用钢丝刷或电工刀去除氧化层，涂上中性凡士林后，将线头伸入接头的线孔内，再旋转压线螺钉压接。线路上导线与开关、灯头、熔断器、仪表、瓷接头和端子板的连接，多用螺钉压接，如图7-17所示。单股小截面铜导线在电器和端子板上的连接也可采取此法。

(a) 涂中性凡士林　　　　(b) 旋转压线螺钉压接

图 7-17　螺钉压接法连接

两个（或两个以上）线头接在一个接线板上时，应先将这几根线头拧成一股，再进行压接。如果直接扭绞的强度不够，还可以在扭绞的线头处用小股绑线缠绕后，再插入接线孔压接。

2. 压接管压接法

压接管压接法又叫作套管压接法，适用于室内外负荷较大的铝芯线连接，压接钳如图7-18（a）所示。接线前，选好合适规格的压接管，如图7-18（b）所示，清除线头表面和压接管内壁上的氧化层及污物，再将两根线头相对插入并穿出压接管，两线端各自伸出压接管25～30mm，如图7-18（c）所示；然后用压接钳进行压接，如图7-18（d）所示。压接完成的铝线接头如图7-18（e）所示。如果压接的是钢芯铝绞线，需在两根芯线之间垫上一层铝质垫片。压接钳在压接管上的压坑数目要视不同情况确定：室内线头通常为4个；室外铝绞线，截面面积为16～35mm^2的压坑数目为6个，截面面积50～70mm^2的压坑数目为10个；对钢芯铝绞线，截面面积16mm^2

175

的压坑数目为 12 个，截面面积 25～35mm² 的压坑数目为 14 个，截面面积 50～70mm² 的压坑数目为 16 个，截面面积 95mm² 的压坑数目为 20 个，截面面积 120～150mm² 的压坑数目为 24 个。

图 7-18　压接管压接法

3. 沟线夹螺钉压接法

此方法适用于室内外截面面积较大的架空线路的直线和分支连接。连接前用钢丝刷除去导线线头和沟线夹线槽内壁上的氧化层及污物，并涂上中性凡士林，然后将导线卡入线槽，旋紧螺钉，使沟线夹紧线头，如图 7-19 所示。为预防螺钉松动，压接螺钉上必须安装弹簧垫圈。

图 7-19　沟线夹螺钉压接法

沟线夹的规格和使用数量与导线截面面积有关。通常导线截面面积有 70mm² 以上的，用两副较大的沟线夹，沟线夹之间距离 300～400mm。

四、线芯与接线桩的连接

各种电气设备上均有接线桩供连接线使用，要求接触面紧密，接触电阻小，连接牢固，不会因时间久而松动脱落。

（一）线芯与针孔式接线桩连接

使用针孔式接线桩接线时，如线芯径与接线插孔大小适宜，插入针孔后旋紧螺钉即可。线芯较细时，要把线芯折成双股，再插入针孔。多根细丝线，必须先绞紧，再插入针孔。孔外不许外露线丝，防止发生短路事故。芯线较小时，应折成双股后，再插入针孔，如图 7-20 所示。

图 7-20　针孔式接线桩连接

（二）小截面硬导线平压式压接圈的弯法

线芯与螺钉平压式接线桩接线时，应将小截面单芯导线弯成羊眼圈，孔径要合适，并且其方向应与螺钉旋转方向一致，一般为顺时针方向。借助垫圈、弹簧垫圈压紧导线，如图 7-21 所示。

图 7-21　小截面硬导线平压式压接圈的弯法

（三）线芯与瓦形接线桩连接

将单线芯一端，按略大于瓦形垫圈螺钉弯成 U 形，螺钉穿过 U 形孔，压在垫圈下旋紧，如图 7-22（a）、图 7-22（b）所示。两个线头接在一个瓦形接线桩时，其接法如图 7-22（c）所示。

图 7-22　线芯与瓦形接线桩连接

（四）多股线芯压接圈连接

将线芯 1/2 处从根部绞紧，然后在绞紧部位的 1/3 处弯曲成圆圈，把已弯成的压接圈最外侧几股折成垂直状，按直线接线法连接，如图 7-23 所示。

图 7-23　多股线芯压接圈连接

（五）线芯与接线端子连接

导线截面面积大于 $10mm^2$ 的多股铜线，都必须在导线端头做好接线端子，再与设备相连接，如图 7-24 所示。

图 7-24　线芯与接线端子连接

五、电磁线头的连接

(一) 线圈内部的连接

对直径 2mm 以下的铜线,通常先绞接后钎锡。绞接要均匀,两根线头互绕不少于 10 圈,两端要封口,不能留下毛刺。截面面积较小的漆包线的铰接如图 7-25 (a) 所示,截面面积较大的漆包线的铰接如图 7-25 (b) 所示。直径大于 2mm 的漆包铜线的连接多使用套管套接后钎锡。套管用镀锡的薄铜片卷成,在接缝处留有缝隙,选用时注意套管内径与线头大小的配套,其长度为导线直径的 8 倍左右,如图 7-25 (c) 所示。连接时,两根去除了绝缘层的线端相对插入套管,使两端线头端部对接在套管中间位置后钎焊,使焊锡液从套管侧缝充分浸入内部注满缝隙,将线头和导管铸成整体。

图 7-25 线圈内部端头连接方法

对截面面积不超过 2.5mm² 的矩形电磁线,可用套管连接,方法同上。套管铜皮的厚度应选 0.6~0.8mm 为宜,套管的横截面以电磁线横截面的 1.2~1.5 倍为宜。

(二) 线圈外部的连接

线圈外部的连接有两种情况,一种是线圈间的串、并联,Y、△连接。对小截面导线,这类线头的连接仍采用先绞接后钎焊的方法;对截面面积较大的导线,可用乙炔气焊。另一种是制作线圈引出端头,如图 7-26 (a)、图 7-26 (b) 所示,在接线端子(接线耳)与线头之间用压接钳压接,如图 7-26 (c) 所示。若不用压接方法,也可直接钎焊。

图 7-26　接线耳与接线头压接

六、导线的封端

为了保证导线线头与电气设备的电气接触和其机械性能，除截面面积 10mm² 以下的单股铜芯线、多股铜芯线 2.5mm² 及以下和单股铝芯线能直接与电气设备连接外，大于上述规格的多股或单股线芯，通常都应在线头上焊接或压接接线端子，这种工艺过程叫作导线的封端。但在工艺上，铜导线和铝导线的封端是不完全相同的。

（一）铜导线的封端

铜导线封端方法常用锡焊法或压接法。

1. 锡焊法

先除去线头表面和接线端子孔内表面的氧化层和污物，分别在焊接面上涂上无酸焊锡膏，线头上先涂一层锡，并将适量焊锡放入接线端子的线孔内，用喷灯对接线端子加热，待焊锡熔化时，趁热将涂锡线头插入端子孔内，继续加热至焊锡完全渗透到芯线缝中，并灌满线头与接线端子孔内的间隙后停止加热。

2. 压接法

把表面清洁且已加工好的线头直接插入内表面已清洁的接线端子线孔，然后按前面所讲的"压接管压接法"的工艺要求，用压接钳对线头和接线端子进行压接。

（二）铝导线的封端

由于铝导线表面易氧化，用锡焊法比较困难，通常用接线耳压接封端。压接前除了清除线头表面及接线端子线孔内表面的氧化层及污物外，还应分别在两者接触面上涂中性凡士林，再将线头插入线孔，用压接钳压接。已压接完的铝导线端子，如图 7-27 所示。

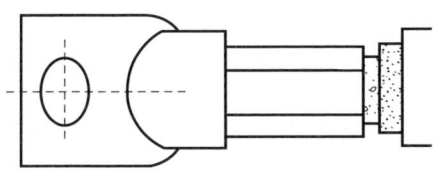

图 7-27　铝线线头封端

（三）电源线绝缘层的恢复

导线的绝缘层破损或者导线连接后都要恢复绝缘，恢复后的绝缘强度不应低于原有绝缘层。通常用黄蜡带、涤纶薄膜和黑胶带等作为恢复绝缘层的材料。操作时，应从导线左端开始包缠，并在与接口裸导线保持约两根绝缘带宽的位置处开始包扎，如图 7-28（a）所示；同时绝缘带与导线应保持约 45°的倾斜角；每圈的包扎要压住带宽的 1/2，如图 7-28（b）所示；绝缘带加接方式如图 7-28（c）所示。

图 7-28　电源线绝缘层的恢复

在恢复电源线绝缘层的操作中,应注意以下情况:

(1) 在380V线路上的导线恢复绝缘时,必须先包缠1~2层黄蜡带,然后再包缠一层黑胶带。

(2) 在220V线路上的导线恢复绝缘时,先包缠一层黄蜡带,然后再包缠一层黑胶带,也可以只包缠两层黑胶带。

(3) 在室外时,应在黑胶带上再包一层防水胶带(如塑料胶带等)。

七、电缆头的制作安装

电缆头因其类型、绝缘材料、使用场合不同有多种形式。电缆头应采用专用终端套制作,其规格、型号按电缆芯数来确定,室内普通低压电力电缆经常采用干包式电缆头。下面以1kV以下室内聚氯乙烯护套电力电缆为例,说明电力电缆终端电缆头制作安装的要求。

(一) 制作流程

摇测接地电阻→确定剖切尺寸→剥除电缆铠甲、护套→安装电缆终端头或分支"手套"、包缠电缆→擦洗线芯绝缘→连接线鼻子→包缠线芯绝缘→包缠线芯相色→固定电缆头→与开关或设备连接。

(二) 主要制作方法

1. 摇测电缆绝缘

(1) 选用1000V摇表对电缆进行摇测,绝缘电阻应大于10MΩ。

(2) 电缆摇测完毕后,应将芯线分别对地放电。

2. 确定剖切尺寸

将电缆末端按确定尺寸固定好,留取末端长度稍大于确定尺寸的长度。

3. 剥电缆铠甲,连接地线(铠装电缆)

(1) 剥电缆铠甲:用钢锯在第一道卡子向上3~5mm处,

锯一环形深痕，深度为钢带厚度的2/3，不得锯透。用螺丝刀在锯痕尖角处将钢带挑起，用钳子将钢带撕掉。然后将钢带锯口处用锉修理钢带毛刺，使其光滑。

（2）打钢带卡子：可利用电缆本身钢带宽度的1/2做卡子，必须打两道，两道卡子的间距为15mm，采用咬口的方法将卡子打牢。将地线的焊接部位用钢锉处理，以备焊接。在打钢带卡子的同时，钢绞线或镀锡编织线排列整齐后卡在卡子里。

（3）焊接地线：铠装电缆应采用铜绞线或镀锡铜编织做接地线，接地线截面面积不大于$120mm^2$且不小于$16mm^2$。地线采用焊锡焊接于电缆的两层钢带上，焊接应牢固，不应有虚焊现象，应注意不要将电缆烫伤。

4. 剥除电缆护套

剥切电缆护套及布带（或纸带），线芯中的黄麻也应切除，不要伤及绝缘层。分芯时应注意线芯的弯曲半径不应小于线芯直径（包括绝缘层）的3倍。

5. 安装电缆终端头或分支"手套"、包缠电缆

（1）将电缆头套套入电缆。根据电缆头的型号尺寸，按照电缆头套长度和内径，用塑料带采用半叠法包缠电缆。塑料带包缠应紧密，形状呈枣核状。

（2）分支"手套"用于多芯电缆，应根据其芯数与规格大小来选择。在安装分支"手套"时，可在其内层先包缠自粘性橡胶带，包缠的层数以"手套"套入时松紧合适为准。在"手套"外部的根部和指部，用自粘性橡胶带和聚氯乙烯胶粘带包缠防潮锥，予以密封。

6. 擦洗线芯绝缘

用汽油湿润的白布来擦净线芯绝缘（必要时可用锉刀或砂纸去污），但橡胶绝缘电缆不可使用大量溶剂洗涤，防止损坏绝缘。

7. 连接线鼻子

(1) 从线芯端头量出长度为鼻子的深度，另加 5mm，剥去电缆线芯绝缘，并在线芯上涂上中性凡士林。

(2) 将线芯插入接线鼻子内，用压线钳子压紧接线鼻子，压接坑应在两道以上。大规格接线端子应采用液压机压接。

8. 包缠线芯绝缘

将电缆末端的绝缘削成圆锥形，然后以自粘橡胶带绕包成防潮锥。0.5kV 的电缆可不必用自粘性橡胶带，采用聚氯乙烯胶粘带即可。

9. 包缠线芯相色

使用黄、绿、红、淡蓝四色聚氯乙烯胶粘带，按相色要求分别从线鼻子压接部位开始，经防潮锥向"手套"指部方向绕包，而后再自"手套"指部返回，绕包到线鼻子压接部位。PE 线应绕包成黄/绿双色。在分相色胶带外，还需要用透明聚氯乙烯绝缘带包缠保护，以防相色年久褪色。也可采用专用分色套管分色。

10. 固定电缆头

将做好终端头的电缆固定在预先做好的电缆头支架上，并将线芯分开。

11. 与开关或设备连接

根据接线端子的型号，选用合适的镀锌螺栓将电缆接线端子压接在设备上，注意应使螺栓由上向下或从内到外穿，平垫和弹簧垫应安装齐全。

电缆头的制作如图 7-29 所示。

图 7-29 室内低压电缆终端做法

第六节 重复接地与保护接零的部位与接线方法

一、接地装置的敷设

（一）接地装置的设置要求

（1）应充分利用自然接地体。当无自然接地体可利用或自然接地体电阻不符合要求，或自然接地体运行中各部分连接不可靠，或有爆炸危险时，则需敷设人工接地体。

（2）应尽量利用自然接地线。当无自然接地线可利用或自然接地线不符合要求，或自然接地线运行中各部分连接不可靠，或有爆炸危险时，则需要敷设人工接地线。

（3）水平接地体一般用于竣工后的环绕建筑四周的联合接

地，所以建筑施工现场临时用电系统宜采用垂直敷设的人工接地体。

（二）接地装置的设置方法

1. 人工接地体的材质及规格

人工接地体的材质及规格不能小于表 7-1 的规定。

表 7-1 人工接地体最小规格

材料名称	材料规格
圆钢	直径 12mm
扁钢	截面面积 90mm^2，厚度 3m
角钢	截面面积 90mm^2，厚度 3m
钢管	壁厚 2mm

2. 人工接地体的加工

接地体应就地取材，使用 ϕ48mm 壁厚 3.6mm 的镀锌钢管。为了方便将钢管垂直打入地下，钢管前端应加工成尖头形状，如图 7-30 所示。

图 7-30 接地钢管加工形状

3. 地沟规格

应按施工现场临时用电组织设计，在设置接地体的位置挖掘深为 0.8m、宽为 0.5m 的地沟。地沟上部稍宽，底部渐窄，并清除沟底的石子。

4. 人工接地体的安装

（1）接地体顶端应在地沟底部之上 15～20cm，接地体最高点应距地面 0.6m，如图 7-31（a）所示。

（2）如图 7-31（b）所示，人工接地体长度应为 2.5m，接地体相互间距不宜小于其长度的 2 倍，顶端埋深一般为 0.8m。

(a) 垂直接地体　　　(b) 接地体的埋设

图 7-31　人工接地体做法

（3）三根接地体之间，一般使用镀锌扁钢或镀锌圆钢，采用搭接焊接的方法进行可靠连接，焊接长度规定如下：

① 扁钢宽度的 2 倍（且至少有三个棱边焊接）。

② 圆钢直径的 6 倍。

③ 圆钢与扁钢连接时，为了连接可靠，除应在其接触部位的两侧进行焊接外，还应焊接由钢带弯成的弧形卡子或直角形卡子，或直接由钢带本身变成弧形（或直角形）与钢管（或角钢）焊接，如图 7-32 所示。

④ 接地线可用镀锌扁钢或镀锌圆钢。接地线应引出地面，在扁钢上端打孔或在圆钢上焊钢板打孔，用螺栓加垫与保护零线（或保护零线引下线）连接牢固，做好除锈，保证电气连接。

⑤ 接地装置的设置，应避开其他地下管路、电缆等，与电缆及管道等交叉时相距不小于 10cm，与电缆及管道平行时相距不小于 35cm。

⑥ 敷设接地时，接地体应与地面保持垂直。如果地面很干硬，可浇适量水使其疏松，以便打入。

图 7-32 接地体连接方法
1—扁钢；2—钢管；3—角钢

⑦ 垂直接地体连接完成并检查焊缝合格后，对地沟进行回填并夯实；回填土严禁使用建筑垃圾等杂物。

⑧ 利用自然接地体和外引接地装置时，应使用导体（不少于两根）在不同地点与人工接地体连接，但对电力线路除外。

配电室部位重复接地的设置方法、实物如图 7-33、图 7-34 所示。

图 7-33 配电室部位重复接地的设置方法

第七章 施工现场临时用电系统的设置

图 7-34 配电室部位重复接地实物

二、重复接地与保护接零的方法

（一）大型设备的重复接地（图 7-35、图 7-36）

图 7-35 桥式起重机部位的重复接地

图 7-36 发电机部位的重复接地

(二) 施工机械设备保护接零的方法

1. 龙门式起重机保护接零 (图 7-37)

图 7-37 龙门式起重机保护接零

2. 桩机保护接零（图 7-38）

图 7-38 桩机保护接零

3. 盾构机变压器及机架保护接零（图 7-39、图 7-40）

图 7-39 盾构机变压器保护接零

图 7-40 盾构机机架保护接零

4. 施工升降机轿箱保护接零（图 7-41）

图 7-41 施工升降机轿箱保护接零

5. 升降式脚手架架体保护接零（图7-42）

图7-42　升降式脚手架架体保护接零

6. 吊篮架体保护接零（图7-43）

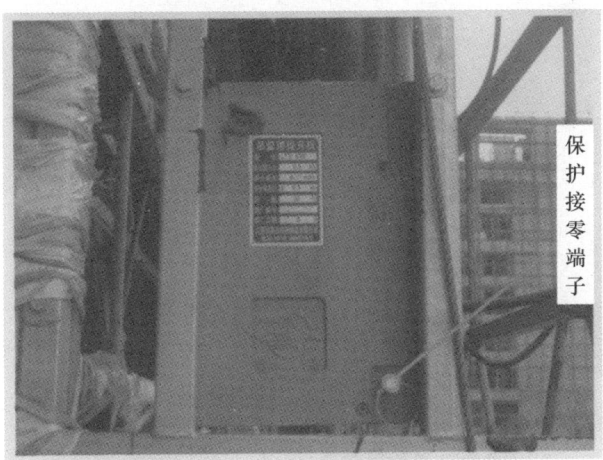

图7-43　吊篮架体保护接零

7. 钢筋加工机械保护接零（图 7-44）

图 7-44　钢筋加工机械保护接零

8. 水泵部位重复接地（图 7-45）

图 7-45　水泵部位重复接地

第七章　施工现场临时用电系统的设置

9. 气泵保护接零（图 7-46）

图 7-46　气泵保护接零

10. 砂轮切割机保护接零（图 7-47）

图 7-47　砂轮切割机保护接零

11. 照明变压器保护接零（图 7-48）

图 7-48　照明变压器保护接零

12. 照明灯具保护接零（图 7-49、图 7-50）

图 7-49　镝灯保护接零

图 7-50　碘钨灯保护接零

13. 电焊机保护接零（图 7-51）

图 7-51　电焊机保护接零

14. 三相插座保护接零（图 7-52）

图 7-52　三相插座保护接零

第七节　防雷装置的设置

一、防雷装置的组成

施工现场的防雷装置由避雷针、引下线和接地体三部分组成。

（1）避雷针：可采用长 1～2m 且不小于 $\phi 16mm$ 的镀锌圆钢安装在构架、支柱或建筑物顶部，下端经引下线与接地体焊接连接。

（2）引下线：是将避雷针接收的雷电流引向接地体的导体。引下线可采用不小于 $\phi 8mm$ 的镀锌圆钢。特别强调：不得采用铝线作为引下线。

（3）接地体：是将雷电电流导入地下的导体，分为人工接地体和自然接地体。接地体是提供与大地之间电气连接的导体,能将雷击能量导入大地。

二、防直击雷装置的设置

建筑施工现场的最高点是塔式起重机顶端,在塔式起重机上设置防雷装置,能够满足施工现场的防雷需求。因此应根据《施工现场临时用电安全技术规范》JGJ 46—2005 有关条款的具体规定,设置防雷装置。

施工现场内的起重机、井字架、龙门架等机械设备以及钢管脚手架和正在施工的在建工程的金属结构,当在相邻建筑物、构筑物等设施的防雷装置接闪器的保护范围以外时,应按表 7-2 的规定安装防雷装置。表 7-2 中地区年均雷暴日应按规范 JGJ 46 附录 A 执行。

当最高机械设备上避雷针(接闪器)的保护范围能覆盖其他设备且又最后退出现场时,则其他设备可不设防雷装置。

确定防雷装置接闪器的保护范围可采用规范 JGJ 46 附录 B 的滚球法。

表 7-2 施工现场内机械设备及高架设施需安装防雷装置的规定

地区年平均雷暴日(d)	机械设备高度(m)
≤15	≥50
>15 且<40	≥32
≥40 且<90	≥20
≥90 及雷害特别严重地区	≥12

机械设备或设施的防雷引下线可利用该设备或设施的金属结构体,但应保证电气连接。

机械设备上的避雷针(接闪器)长度应为 1~2m。塔式起重机可不另设避雷针(接闪器)。

施工现场内所有防雷装置的冲击接地电阻值不得大于 30Ω。

做防雷接地机械上的电气设备，所连接的 PE 线必须同时做重复接地，同一台机械电气设备的重复接地和机械的防雷接地可共用同一接地体，但接地电阻应符合重复接地电阻值的要求。

施工现场内利用塔式起重机作为防雷装置，如图 7-53、图 7-54 所示。

图 7-53　塔式起重机及其防雷装置

图 7-54　塔式起重机重复接地设置

为了充分发挥塔式起重机的防雷作用，保证塔式起重机良好的整体导电性能，应注意以下问题：

一是塔式起重机的全部架节和平衡臂之间的连接面，必须进行除锈处理并连接紧密，连接面之间不能有缝隙。二是塔式起重机基础里的钢筋必须绑扎（或焊接）紧密，同时要与固定塔式起重机的基础架节的四个角进行焊接。三是要对安装完成的塔式起重机的接地电阻进行测试，如接地电阻值不能满足要求，必须依附塔式起重机架体设置独立的避雷装置。

三、防感应雷装置的设置

（1）施工现场配电室的屋面应装设避雷带，进线和出线处应将架空线绝缘子铁脚与配电室的接地装置相连接，做防雷接地，防止雷电侵入波的切入（图7-55）。

图 7-55　防感应雷装置的设置

（2）当采用避雷带保护施工现场各类建筑物的屋面时，要求屋面上任何一点与避雷带距离不应大于 10m，当有三条及以上平行的避雷带时，每隔 30～40m 将平行避雷带连接起来，并要有两根以上的引下线。引下线间距不宜大于 30m，冲击接地电阻不应大于 30Ω。

四、防雷设置的其他要求

根据现行《施工现场临时用电安全技术规范》JGJ 46 的有关规定，防雷设置还应满以下要求：

（1）在土壤电阻率低于 200Ω·m 区域的电杆可不另设防雷接地装置，但在配电室的架空进线或出线处应将绝缘子铁脚与配电室的接地装置相连接。

（2）安装避雷针（接闪器）的机械设备，所有固定的动力、控制、照明、信号及通信线路，宜采用钢管敷设。钢管与该机械设备的金属结构体做可靠的电气连接。

（3）施工现场内所有防雷装置的冲击接地电阻值不得大于 30Ω。

第八章 电工仪表、检测仪器及常用工具

由于电具有"看不见、听不到、闻不出、摸不着"的特殊性,因此借助于电工仪表及检测仪器对电进行计量和测量,是唯一了解并掌握电的方法。

第一节 电工仪表的基本知识

一、仪表面板符号

不同类型的电工仪表具有不同的技术特性。为了便于选择和使用仪表,通常把这些技术特性用不同的符号标注在仪表的刻度盘或面板上。根据国家现行有关标准的规定,仪表应有测量对象单位、准确度等级、工作原理系别、使用条件组别、工作位置、绝缘强度、试验电压和各类仪表的标志。使用仪表时,必须看清各种标记,以便正确使用测量仪表。因此,购置或选用电工仪表时,必须认真阅读产品使用说明书和仪表面板的符号,正确选择适用类型、功能和精确度的电工仪表。

二、电工仪表的技术指标

电工仪表的主要技术指标包括误差、准确度和灵敏度。
(一)电工仪表的误差
无论仪表的质量如何,测量值和实际值之间总是有误差的。因此,"误差"是衡量电工仪表准确性的标准。它有以下

三种表达形式。

1. 绝对误差

绝对误差即电工仪表指示值与实际值之间的代数差,即指示值－实际值。

2. 相对误差

相对误差即绝对误差与实际值之比的百分数,即绝对误差÷实际值×100%。

3. 引用误差

引用误差:即绝对误差与测量仪表上限之比的百分数,即绝对误差÷测量仪表上限×100%。它用来表示仪表的基本误差,即仪表的准确度。

(二) 电工仪表的准确度

根据测量的准确度或精度的不同,电工仪表可分为七级:0.1、0.2、1.0、1.5、2.5、4.0 和 5.0 级。准确度等级的数字,实际是表示仪表本身在正常工作条件下进行测量时,被测量的最大绝对误差与仪表额定值(满标值)的百分比。

电工仪表准确度的七个等级,对应的最大相对误差分别为±0.1%、±0.2%、±0.5%、±1.0%、±1.5%、±2.5%和±5.0%。

在正常工作条件下,仪表的最大绝对误差是不变的,即准确度(精度)不变。所以,在满标值范围内,被测量的值越小,相对误差就越大。因此,在选用仪表时,实际被测量值应尽量接近其满标值。但是,实际被测量值也不能太接近满标值,一方面是因为仪表指针示数不易读出;另一方面是电路工作状态受干扰而波动,并超出仪表的测量范围(满标值)。

(三) 仪表的灵敏度和仪表常数

在测量中,被测量变化一个很小数值与引起测量仪表可动部分偏转角的变化量的比值,称为仪表的灵敏度,它反映仪表能够测量的最小被测量。

灵敏度的倒数称为仪表常数,在直流仪表中,若刻度均匀,常数一般用安/格或伏/格来表示。

第二节 电工仪表的分类

电工仪表按其特征不同有许多分类方法,通常主要是按测量方式、工作原理、所测电流的不同进行分类。

一、电工仪表按测量方式分类

电工仪表按其测量方式不同可分为以下四种基本类型。

(一)直读指示仪表

直读指示仪表是利用将被测量值转换成指针偏转角的方式进行测量的一类电工仪表,具有使用方便、精确度高的优点。例如:500型万用电表、钳形电流表、兆欧表等均属于直读指示仪表。

(二)比较仪表

比较仪表是利用被测量与标准量的比值进行测量的一类电工仪表,常用的比较仪表有QJ-23电桥、QS-18A万用电桥等。

(三)图示仪表

图示仪表是通过显示两个相关量的变化关系进行测量的一类电工仪表。常用的各种示波器,如SC-16光线示波器、XJ-16通用示波器等都属于图示仪表。

(四)数字仪表

数字仪表是通过将模拟量转换成数字量显示的一类电工仪表,具有使用方便、精确度高的优点。例如:P28数字电压表、IM2215数字万用电表等属于数字仪表。

施工现场所用的电工仪表绝大多数是采用直接方式测量的直读式仪表。

二、电工仪表按工作原理分类

电工仪表按其工作原理不同,还可分为电磁式仪表、电动式仪表、感应式仪表和电子式仪表等。

三、电工仪表按所测电流分类

电工仪表按所测电流的种类不同,分为直流表、交流表和交直流两用表。施工现场所用的电工仪表绝大部分为交流表。

第三节 电工仪表的工作原理

施工现场常用的电工仪表,主要有电流表、电压表、功率表、电度表、万用表、兆欧表、接地电阻测试仪和漏电保护器测试仪等。

一、电流表和电压表

电流表和电压表(图 8-1)是使用最为广泛的电工仪表。电流表是测量被测电路(负载)电流的仪表,电压表则是测量被测电路(负载)电压的仪表。

(a) 电流表

(b) 电压表

图 8-1 电流表和电压表

施工现场使用的电流表和电压表主要是交流电磁式电流表和电压表，专门用作交流电路电流和电压的测量。这种仪表具有过载能力强、量程大的特点，并且使用方便，读数直观。

（一）电流表和电压表的结构及原理

电流表和电压表是根据电流产生的磁场的原理，利用磁场力与预设反作用力相平衡的关系而制作的一种电工仪表。

电流表和电压表的主要结构是在仪表的线圈中放置两个铁片：一个铁片是固定的，称为固定铁片；另一个铁片与指针连接在一起，并且可以绕一固定轴转动，称为活动铁片。固定铁片和活动铁片一起构成仪表的电磁部分。当线圈中有被测电流通过时就会使铁片磁化，由于同性磁极互相排斥，活动铁片在固定铁片排斥力矩作用下带动指针偏转。当活动、固定铁片的排斥力矩与预设反作用力矩相平衡时，指针便稳定在一个平衡位置上，其指示数即为被测量值。

（二）交流电流表的使用原则

（1）只能测量交流电路的电流量。

（2）与被测电路（负载）串联。如果将电流表与被量电路（负载）并联，将导致电流表被烧毁。

（3）一般只用于直接测量200A以内的电流值，测量大电流借助电流互感器，并需注意以下三个问题：

① 电流互感器的原绕组应串入被测电路中，副绕组与电流表串接。

② 电流互感器的变流比应大于或等于被测电流与电流表满标值之比，以保证电流表指针在满偏刻度之内。

③ 电流互感器的副绕组必须通过电流表构成回路和接地。在任何情况下副绕组不得开路。

必须注意的是：交流电流表与直流电流表的结构原理不同，尤其是直流电流表还有"＋""－"极性问题，所以两者不能混用。

（三）钳形电流表

1. 钳形电流表的结构

钳形电流表是一种将电流互感器和电流表头安装在一起的组合电流表，如图 8-2（a）所示。其中，卡钳就是电流互感器的铁芯部分，原绕组就是被测电路的导线，副绕组装于表内。使用时必须将被测截流导线卡于卡钳夹口内，等夹口封闭后从表头上读取被测电流值。应该注意不能同时夹住两根或三根导线测量电流，如图 8-2（b）所示。

（a）钳形电流表　　　（b）测试操作

图 8-2　钳形电流表

2. 钳形电流表使用注意事项

（1）被测线路的电压不能超过钳形表规定的使用电压，避免绝缘层被击穿造成人身触电。

（2）不可用小量程去测大电流，测量前应估算被测量电流的大小，选择适当的量程。

（3）每次测量时只能钳入一根线，测量时应将被测导线置于钳口中,提高准确度。

(4) 测量结束后,应将量程调节开关调到最大量程,以便下次安全使用。

(四) 交流电压表的使用原则

(1) 只能用于交流电路电压的测量。

(2) 与被测电路(负载)并联,如果将电压表与被测量电路(负载)串联,将不能进行测量。

(3) 一般只能测量500V以下的电压值,测量更高的电压借助电压互感器,并注意以下三个问题:

① 电压互感器的原绕组应并接于被测电路两端,副绕组与电压表并接。

② 电压互感器的变压比应大于或等于被测电压与电压表满标值之比,以保证电压表指针在满偏刻度以内。

③ 电压互感器的铁芯和副绕组的一端必须接地,这是为了防止因高压原绕组对低压副绕组和铁芯的电感应或漏电使副绕组、铁芯、电压表呈现对地高压,从而危及操作人员安全。另外,电压互感器的副绕组如果短路将烧毁电压互感器。

必须注意的是:交流电压表和直流电压表的结构、原理有所不同,直流电压也有"+""-"极性问题,所以两者不能混用。

二、交流电度表(电能表)

交流电度表是专门用以计量被测交流电路电能量的电工仪表。交流电度表按相数分为单相与三相两种;按测量对象分为有功电度表与无功电度表。无功电度表通常都制造成三相的形式。

(一) 交流电度表的结构及原理

交流电度表大多是感应式仪表,表中有叠片铁芯,铁芯绕有几个线圈,在铁芯缺口处放入一个或数个铝转盘构成仪表的电磁部分，铝转盘旁边设置永久磁铁产生反作用力矩。

当铁芯上各线圈通入被测交流电流时，将使铁芯磁化，气隙处便有交变磁通。此磁通穿越铝转盘，在铝转盘上产生涡流。此涡流使铝转盘在交变磁场中产生力矩而旋转。当转动力矩与反作用力矩平衡时，铝转盘将匀速旋转，其计数机构计入铝转盘转数的累积值，用于表示电能量的大小，并用数字显示。

（二）电度表的使用规则

（1）接线中相线和零线不能对调。

（2）应按正相序（A、B、C）接线，否则在电度表盘正转的情况下产生附加误差；零线要入表，否则由于中性点位移而引起较大的误差；零线与三根相线不能接错，否则除造成计量差错外，电度表的电压线圈还可能被烧毁；电流互感器二次侧不能接地，否则会造成短路事故。

（3）无功电度表接线中，有两组电流线圈，接线较复杂，一定要按线路顺序连接。

单相电度表如图 8-3 所示；三相四线有功电度表如图 8-4 所示。

(a) 单项电度表

(b) 接线示意图

图 8-3 单相电度表

第八章 电工仪表、检测仪器及常用工具

(a) 三相四线有功电度表　　　(b) 接线示意图

图 8-4　三相四线有功电度表

三、万用表

万用表是电气工程中常用的便携式多功能量程仪表，主要用来测量电路中的电流、电压和电阻。

（一）万用表的结构及原理

万用表的表头大部分是磁电式（动圈式）结构，其核心部分是在永久磁铁的气隙磁场中放置一个可动线圈。当在线圈中通入电流时，可动线圈在磁场中受电磁力矩作用而带动指针偏转，当电磁力矩与预设弹簧产生的反作用力矩平衡时，指针停止偏转，此时指针偏转角度的大小即表示被测量值。

（二）万用表的使用规则

（1）测量电压时将万用表并联接入电路，测量电流时将万用表串联接入电路，测量直流电时要注意正负极性。

（2）测量转换开关应调整到相应的挡位上，选择量程时应由大到小且位置适当。

（3）测量电压、电流时，应使指针指在标度尺 1/2～1/3 以上的位置；测量电阻时，应选择在刻度较稀的位置和中心点。转换量程时，应将万用表从电路上取下后，再转动转换开关。

（4）测量电阻时，应切断被测电路的电源。

（5）测量直流电流或电压时，应将红色表棒插在红色或标有"＋"的插孔内，另一端接被测对象的正极；将黑色表棒插在黑色或标有"－"的插孔内，另一端接被测对象的负极。

（6）万用表不使用时，应将转换开关调整到交流电压最高量限挡或关闭挡。

（7）表内电池应及时更换，如电池电量不足，将影响测量的准确度。

（三）万用表的选用

传统的万用表是指针式万用表，如图 8-5 所示。数字式万用表是 20 世纪 70—80 年代研发的新型电工仪表，具有测量准确度高、显示直观、性能可靠、小巧轻便、操作简单、功能多等优点，建议使用数字式万用表（图 8-6）。

图 8-5　指针式万用表

第八章 电工仪表、检测仪器及常用工具

(a) 直板形　　　　(b) 钳形

图 8-6　数字式万用表

在这里需要特别说明的是，万用表所使用的电源电压较低，绝缘物质在电压较低时不易击穿，所以它所测得的绝缘电阻值只能作为参考。施工现场电气设备一般要接在较高的工作电压上，测量额定电压在 500V 及以上的电气设备的绝缘电阻时，必须选用 1000~5000V 的兆欧表，测量 500V 以下电压的电气设备绝缘电阻，以选用 500V 的兆欧表为宜。

四、兆欧表

兆欧表又称绝缘摇表（图 8-7），主要用来测量电机、电器、配电线路等电气设备高阻值的绝缘电阻。作用是判断电气设备或线路是否漏电、绝缘损坏或短路等。

（一）兆欧表的结构及原理

兆欧表的主要组成部分是一个磁电式流比计和一个作为测量电源的手摇高压直流发电机，与兆欧表表针相连的有两个线圈，一个和表内的附加电阻串联，另一个和被测的电阻串联，

213

然后一起接到手摇发电机上。当摇动发电机时，两个线圈中同时有电流通过，在两个线圈上产生方向相反的转矩，表针就随着两个转矩的合成转矩的大小而偏转某一角度，这个偏转角度取决于两个电流的比值。由于附加电阻是不变的，所以电流值仅取决于待测电阻的大小。

图 8-7　指针兆欧表

（二）兆欧表的使用规则

（1）兆欧表的电压等级应与被测电气设备的电压等级相适应，不能用电压等级高的兆欧表测量额定电压等级低的电气设备绝缘电阻，否则易将绝缘击穿。

（2）测量电气设备的绝缘电阻前，应切断被测电气设备的电源，然后对设备进行放电（用导线将设备与大地连接），确保测量人员的安全和测量结果的准确。

（3）表的测量引线必须采用绝缘良好的单根导线，两根测量引线应充分分开，并且不得与被测设备的其他部分接触。

(4) 测量前应转动摇表做开路试验，确定指针指向"∞"，再将 E 和 L 两个接线柱短接，慢慢地转动摇柄，使指针指向"0"位。两项检查的指针指向正确时说明摇表的性能完好。

(5) 采用手摇发电机的兆欧表，手摇速度由低向高逐渐提升并保持在 120r/min 左右。测量过程中不得用手接触被试物和引线接线柱，以防触电。

(6) 测量具有大电容的电气设备（如电力变压器、电力电缆等）的绝缘电阻，只有在读取数值并断开 L 接线柱连接的情况下，才能停止转动摇柄，防止电缆、设备等反向充电而损坏摇表。

(7) 遇有降雨或潮湿天气，应使用保护环来消除表面漏电。

(8) 摇表测量完后，应立即对被测物体放电。在摇表的摇柄未停止转动前和被测设备未放电前，不可用手接触被测设备的测量部分。

(三) 数字兆欧表

1. 数字兆欧表的概念

数字兆欧表是指液晶显示屏能够直接显示检测数值的兆欧表。数字兆欧表由大规模集成电路组成，输出功率大，短路电流值高，输出电压等级多（每种机型有四个电压等级）。

2. 数字兆欧表的工作原理

由表内电池作为电源，经 DC/AC 变换产生的直流高压由 E 极经被测试物体到达 L 极，从而产生一个从 E 极到 L 极的电流，经过 I/V 变换完成运算后，直接将被测的绝缘电阻值在 LCD 屏上显示出来。数字兆欧表摒弃传统的人工手摇发电工作方式，采用先进的集成电路，应用 DC/AC 变换技术将三端钮、四端钮测量方式合并为一种机型的新型接地电阻测量仪，属于升级换代型产品。

3. 数字兆欧表的使用范围

适用于电力、邮电、铁路、通信、矿山等部门测量各种装置的接地电阻以及测量低电阻的导体电阻值；还可测量土壤电阻率及电压。

数字兆欧表如图 8-8 所示。

图 8-8　数字兆欧表

五、接地电阻测试仪

接地电阻测试仪目前有两种形式：一种是传统的接地电阻测试仪，俗称"接地摇表"，是测量接地电阻的专用仪表，主要用于测量各种接地装置的接地电阻和一般低阻值超导体电阻；另一种是数字接地电阻测量仪，采用先进的大规模集成电路，是应用 DC/AC 变换技术的新型接地电阻测量仪。为了让读者了解并掌握先进的电工仪表操作知识，本教材主要介绍数字接地电阻测试仪。

（一）接地电阻测试仪的结构及原理

由表内 DC/AC 变换器将直流变为交流的低频恒流，经过辅助接地极 C 和被测物 E 组成回路，被测物上产生交流压降，经辅助接地极 P 送入交流放大器放大，再经过检测送入表头显示。借助倍率开关可得到三个不同的限量值：$0\sim2\Omega$、$0\sim20\Omega$、$0\sim200\Omega$。

（二）接地电阻测试仪的使用规则

(1) 接地线路要与被保护设备断开，以保证测量结果的准确性。

(2) 测试宜选择土壤电阻率大的时候进行，如初冬或夏季干燥季节进行。

(3) 被测地极附近不能有杂散电流和已经极化的土壤，下雨后或土壤水分过多时，以及气候、温度、压力急剧变化时不能测量。

(4) 探测针应远离地下水管、电缆、铁轨等较大金属体，其中电流极应远离 10m 以上，电压极应远离 50m 以上，如上述金属体与接地网没有连接，可缩短距离 $1/2\sim1/3$。

(5) 电流极插入土壤的位置不能有电解物质，接地棒应处于零电位的状态。连接线应使用绝缘良好的导线，以免有漏电现象。

(6) 当检流计灵敏度过高时，可将电位探针电压极插入土壤中（浅一些），当检流计灵敏度不够时，可沿探针注水使其湿润。

(7) 接地电阻测试仪应保存在温度 $0\sim40$℃的室内，相对湿度不超过 80%，且在空气中不能含有足以引起腐蚀的有害物质。

各种形式的数字接地电阻测试仪如图 8-9 所示。特别是钳形接地电阻测试仪（图 8-10），是近年来新研发的电器检测仪器，特点是量程广、分辨力高、操作便捷、携带方便、抗干扰能力强、检测准确可靠且性能稳定，广泛应用于各种电信、电力、气象、机房、油田的电力配电线路、铁塔输电线路、加油站、工厂、工程项目接地网、避雷系统等的接地电阻测试。

图 8-9　各种形式的数字接地电阻测试仪

图 8-10　钳形接地电阻测试仪

六、漏电保护器测试仪

漏电保护器测试仪主要用于测试漏电保护器的漏电动作电流、漏电不动作电流以及漏电动作时间。单相、三相漏电保护器均可测试。

(一) 测试仪主要技术性能

(1) 显示功能：三位半液晶数字显示，同时有自动暂存、锁定、复零、溢出、电池更换及熔丝熔断指示。

(2) 交流漏电流测量：检测范围为 0～500mA（配 500mA 熔断体）；准确度等级为 1.0，分辨力为 1mA。

(3) 可调交流漏电流测量的检测范围：B 型为 5～100mA、100～200mA；C 型为 5～100mA、100～200mA、200～300mA。

(4) 交流电压测量：测量范围为 0～450V；准确度等级为 1.5，分辨力为 1V。

(5) 分段时间测量：测量范围为 5～1000ms；误差为 ±10%，分辨力为 1ms。

(6) 电源：DC9V±1V，功耗小于 20mW。

(7) 使用条件：

① 温度 0～4℃，极限条件－10～50℃。

② 温度 0℃时的 RH（相对湿度）为 20%～75%。

③ 频率（50±2.5）Hz。

④ 海拔不超过 2000m。

⑤ 使用时应避免外界强电、磁场影响，并避免阳光直射和腐蚀性气体等有害环境。

（二）测试仪的工作原理

以 M9000 漏电保护器测试仪（图 8-11）为例，其工作原理如图 8-12 所示。

图 8-11　M9000 漏电保护器测试仪

图 8-12　M9000 漏电保护器测试仪工作原理图

（三）测试仪的接线

以 M9000 漏电保护器测试仪为例，其接线方法如图 8-13 所示。

图 8-13　M9000 漏电保护器测试仪接线方法

（四）测试仪的使用方法

1. 漏电保护器动作电流

（1）按下"mA"挡开关，将 mA 调节旋钮逆时针方向旋到底，打开电源开关。

（2）按接线图 8-13 接好线，注意按保护器种类和动作电流值大小的不同，仪器后盖上的量程转换开关推至 100mA、200mA 端（B 型）或 300mA（C 型）。

（3）合上被测漏电保护器开关，此时显示屏开始显示模拟漏电电流值。

（4）顺时针方向均匀慢速转动 mA 调节旋钮直至漏电保护器动作，此时显示屏上显示的即为动作电流值，单位为毫安（mA），数值暂存数秒钟后自动复零。

（5）逆时针方向将 mA 调节旋钮转到底。

（6）若需重测，合上漏电保护器开关，重复步骤（3）～（5）。

（7）检测完毕，及时将测试线脱离交流电路，关闭电源开关，按键开关复位，量程转换开关推至 100mA 端。

2. 漏电保护器分断时间

（1）按下"ms"挡开关，将 mA 调节旋钮转至面板刻度上额定动作电流值（根据额定动作电流值大小，将后盖板上转换开关量程位置与面板上的量程值匹配），打开电源开关。

（2）按接线图（图 8-13）接好线。

（3）合上被测漏电保护器开关。

（4）按下"模拟"（触电）按钮，此时显示屏显示的即为分断时间值，单位为毫秒（ms），数值暂存数秒钟后自动复零。

（5）若需重测，重复步骤（3）、（4）。

（6）检测完毕，及时将测试线脱离交流电路，关闭电源开关，逆时针将 mA 调节旋钮转到底，按键开关复位，量程转换开关推至 100mA 端。

第四节　常用电工工具

电工工具是建筑电工进行电气操作需要具备的基本工具，而且必须掌握电工常用工具的结构、性能和正确的使用方法。常用的电工工具主要包括试电笔、电工刀、螺丝刀、钢丝钳、尖嘴钳、斜口钳、剥线钳、扳手等。

一、试电笔

(一) 试电笔的结构

试电笔也称验电笔，简称电笔。它是用来检验导线、电器和电气设备的金属外壳是否带电的一种电工工具。试电笔通常做成钢笔式结构，有的也做成小型螺丝刀结构。试电笔由探头、电阻、观察孔、氖管、笔身、弹簧和金属端盖等组成。其基本结构如图 8-14 所示。测试时如果氖管发光，说明导线有电。使用时，必须手指触及笔尾的金属部分，并使氖管小窗背光且朝向自己，以方便观察氖管的亮暗程度，防止因光线太强造成误判。

图 8-14　试电笔的基本结构

当用电笔测试带电体时，电流经带电体、电笔、人体及大地形成回路，只要带电体与大地之间的电位差超过 60V，电笔中的氖管就会发光。低压电笔检测的电压范围为 60~500V。

（二）试电笔使用注意事项

（1）使用前必须在电源处对试电笔进行测试，以证明该试电笔状态良好，方可使用。

（2）验电时应使试电笔逐渐靠近被测物体，直至氖管发亮，不可直接接触被测体。

（3）验收时手指必须触及笔尾的金属体，否则带电体也会被误判为非带电体。

（4）验电时要防止手指触及笔尖的金属部分，以避免造成触电事故。

近年来，还出现了液晶数显感应试电笔和既能测试断路又能测试电压的多功能试电笔（图 8-15），无须物理接触即可检查控制线、导体和插座上的电压数值，既灵敏又安全。

(a) 数显测电笔　　(b) 多功能试电笔

图 8-15　数显试电笔

二、电工刀

(一) 电工刀的用途

电工刀是电工常用的一种切削工具,如图 8-16 所示。其主要用于切削导线的绝缘层、电缆绝缘皮、木槽或木板等。有的电工刀上带有锯片和锥子,可用来锯小木片和锥孔。

(a) 单功能电工刀　　　　　(b) 多功能电工刀

图 8-16　电工刀

(二) 电工刀使用注意事项

(1) 电工刀必须有绝缘保护,禁止带电作业,避免触电。

(2) 剥削时刀口向外且没有人的方向,防止误伤自己或他人。

(3) 剥削导线绝缘层时,应使刀面与导线成较小的锐角,以免割伤导线。

(4) 避免切割坚硬的材料,以保护刀口。

(5) 使用完毕后,应将刀身及时折进刀柄。

三、螺丝刀

(一) 螺丝刀的结构

螺丝刀是一种用来松动或紧固螺丝的工具,由刀头和手柄组成,如图 8-17 所示。刀头形状有一字形和十字形两种。

图 8-17 螺丝刀

（二）螺丝刀使用注意事项

(1) 螺丝刀较大时，除大拇指、食指和中指要夹住握柄外，手掌还要顶住手柄末端，防止动作时滑脱。

(2) 螺丝刀较小时，除大拇指和中指夹住握柄外，同时用食指顶住柄的末端再动作。

(3) 螺丝刀较长时，用右手压紧手柄并转动，同时左手握住螺丝刀的中间部分（不可放在螺丝杆周围，避免伤手），防止螺丝刀滑脱。

(4) 带电作业时，手不可触及螺丝刀的金属部位，避免触电。

(5) 螺丝刀的金属杆上应加装绝缘套管，带电作业时必须戴好绝缘手套。

四、钢丝钳

（一）钢丝钳的作用

钢丝钳主要用于夹持或弯折薄片形、圆柱形金属零件及切断电源线，如图 8-18 所示。在作业时，钳口可用来弯绞或钳夹导线线头；齿口可用来紧固或起松螺母；刀口可用来剪切导线或钳削导线绝缘层；侧口可用来铡切导线线芯、钢丝等较硬的金属线。

建筑电工

图 8-18　钢丝钳

（二）钢丝钳使用注意事项

（1）使用前，检查钢丝钳绝缘是否良好，避免带电作业。

（2）使用时，注意保护绝缘套管，防止破损失去绝缘作用。

（3）在带电剪切电线时，不得用刀口同时剪切两根电源线（相线与零线、相线与相线），防止发生短路。

（4）不可将钢丝钳当锤子使用，以免刃口错位、转轴失灵，造成损坏。

五、尖嘴钳

尖嘴钳是进行仪表及电气设备维修的常用工具，如图 8-19 所示。因其头部尖细，适用于狭小的工作空间操作。

尖嘴钳可用来剪断较细的导线，夹持较小的螺钉、螺帽、垫片、导线等；也可用来对单股导线进行平直或弯曲的整形，以及给导线接头弯圈、剥削绝缘皮等。

226

图 8-19 尖嘴钳

使用尖嘴钳带电作业前,应检查绝缘是否良好,作业时金属部分不要触及人体或邻近的带电体。

六、斜口钳

斜口钳是在电工作业中专门用于剪断各种电线、电缆的专用工具,如图 8-20 所示。对不同线径和硬度的电源线进行剪断时,应选用大小合适的斜口钳。

图 8-20 斜口钳

七、剥线钳

剥线钳是专用于剥削较细小导线绝缘层的工具,如图 8-21

所示。

剥线钳钳口分别有 0.5～3mm 的多个直径切口，使用时应选择相同规格的线芯直径切口，否则切口过大难以剥离绝缘层，切口过小又会切断芯线。剥削导线绝缘层时，先将需剥削的绝缘长度定好，然后将导线放入相应切口中，再握紧钳柄使导线绝缘层剥离。

图 8-21　剥线钳

八、扳手

扳手按结构形式可分为活动扳手、开口扳手、整体扳手等。

（一）活动扳手

活动扳手又叫作活扳手，是一种旋紧或拧松螺栓的工具。活扳手由呆扳唇、活扳唇、蜗轮、轴销和手柄组成，如图 8-22 所示。建筑电工常用的活扳手有 200mm、250mm、300mm 三种，使用时根据螺栓的大小来选配。

图 8-22 活扳手

使用活扳手时，应注意以下几点：

（1）扳动小螺母时，因需要不断地转动蜗轮，调节扳口的大小，所以手应靠近呆扳唇，并用大拇指调制蜗轮，以适应螺母的大小。

（2）活扳手的扳口夹持螺母时，呆扳唇在上，活扳唇在下，切不可反过来使用。

（3）在扳动生锈的螺母时，可在螺母上滴几滴煤油、柴油或机油。

（4）在拧不动时，切不可将钢管套在活扳手的手柄上增加扭力，因为这样极易损伤活扳唇。

（5）不得把活扳手当锤子用。

（二）开口扳手

开口扳手也称呆扳手，俗称板扳手。它有单头和双头两种，开口是和螺钉头、螺母尺寸相适应，并根据标准尺寸做成一套。开口扳手如图 8-23 所示。

（三）整体扳手

整体扳手俗称眼镜扳手，形状有正方形、六角形、十二角形。其中梅花扳手在建筑电工中普遍使用，它只要转过 30°，就可以改变转动方向，方便于狭窄的地方工作。整体扳手如图 8-24 所示。

图 8-23 开口扳手

图 8-24 整体扳手

（四）套筒扳手

套筒扳手在使用时用弓形手柄连续转动，工作效率较高。套筒扳手如图 8-25 所示。

图 8-25　套筒扳手

九、电烙铁

（一）电烙铁的用途及分类

电烙铁是建筑电工进行电器维修时不可缺少的工具，主要用于焊接电器元件及导线。电烙铁按结构可分为内热式和外热式两种；按功能可分为焊接用和吸锡用两种。

（二）电烙铁的构造

电烙铁由发热器、储热器、手柄和电源线组成，如图 8-26（a）所示。发热器由云母或陶瓷绝缘体上缠绕高电阻的金属材料构成，作用是将电能转换成热能。电烙铁的储热器是烙铁头，一般采用密度较大的铜或铜合金做成。烙铁头有多种形式，可根据用途选用，如图 8-26（b）所示。手柄一般采用木质材料、胶木或耐高温材料制作。由于新技术的广泛应用，传统的电烙铁不断更新换代。传统电烙铁与新型恒温电烙铁如图 8-27 所示。

图 8-26 电烙铁

(a) 传统电烙铁　　　(b) 新型恒温电烙铁

图 8-27 不同形式的电烙铁

（三）电烙铁的使用方法

电烙铁初次使用时，首先应给烙铁头挂锡，便于日后蘸锡焊接。挂锡的方法是先将烙铁头表面清理干净，通电后待烙铁头温度上升到一定程度，将焊锡放在烙铁头上熔化，使烙铁头表面挂上一层锡。挂锡后的烙铁可以随时使用。

用电烙铁焊接时，除了必须有焊锡之外，还应有消除焊接物表面和焊锡杂质的助焊剂（松香或焊锡膏，俗称焊油。）焊锡膏腐蚀性较强、不绝缘，不适用于电器元件的焊接。焊接面积较大的金属构件时，焊锡用量不宜过多，焊接完成后应使用酒精棉球将焊接部位擦干净，避免残留焊锡膏腐蚀焊点和部件。

（四）电烙铁使用注意事项

（1）使用前应检查电源线是否完好，有无烫伤。

（2）选用合适的焊锡，选用焊接电子元件用的低熔点焊锡丝。

（3）焊接时间不宜过长，避免烫坏元件，必要时可用镊子夹住元件帮助散热。

（4）焊点应呈正弦波峰形状，表面应光亮圆滑、无锡刺，锡量应适中。

（5）焊接完成后，用酒精清洗干净线路板上残余助焊剂，防止炭化后的助焊剂影响电路正常工作。

（6）焊接完毕，应拔去电源插头，将电烙铁放置于金属支架上，防止烫伤的发生或引发火灾。

十、压线钳

（一）压线钳的用途

压线钳（图 8-28）是施工现场主要用于小面积铜或铝端子的压接工具，适用于配电箱及电动机械电源线的接线。压线钳种类较多，压接范围较广，能保证压线牢固、电气连接良好。

图 8-28　绝缘端子专用压线钳

（二）压线钳的使用方法

（1）导线剥线去除绝缘皮，裸线长度应与压线片的压线部位等长。

（2）压线片的开口方向正对压线槽放入，并使压线片尾部的金属带与压线钳平齐。

（3）导线插入压片，对齐后压紧。

（4）取出压线片，观察压线的效果，掰掉压线片尾部的金属带即可使用。

第九章　施工现场临时用电的检测

为了确保建筑施工现场临时用电的安全，建筑电工必须按照现行《施工现场临时用电安全技术规范》JGJ 46 的有关规定，使用检测仪器对漏电保护器、防雷接地电阻和电气设备绝缘情况等进行定期检测，发现问题要立即整改合格后方可继续使用。本章重点介绍几种常用检测仪器的正确使用方法。

第一节　漏电保护器测试仪的操作

一、ETCR 漏电保护器测试仪

ETCR 漏电保护器测试仪（图 9-1），专用于现场在线测量各种漏电动作时间，测试电流从 15～500mA 分十挡，即 15、30、50、75、100、150、200、250、300、500（mA），测试漏电动作时间的量程为 0～900ms，采用 128dots×64dots LCD［dots 即小圆点（扫描线的点）；LCD 即液晶显示器］显示，方便直观。该测试仪精度高、体积小、质量轻、便于携带、外观精致，是各种漏电保护器现场或室内检测的理想工具。

图 9-1　ETCR 漏电保护器测试仪

二、电气符号（表 9-1）

表 9-1　电气符号

符号	说明
⚡	极其危险！操作者必须严格遵守安全规则，否则有电击危险，造成人身伤害或伤亡事故
⚠	危险！操作者必须严格遵守安全规则，否则有电击危险，造成人身伤害或伤亡事故
⚠	警告！必须严格遵守安全规则，否则造成人身伤害或设备损坏
回	双重绝缘
～	交流（AC）
---	直流（DC）

三、技术规格（表 9-2）

表 9-2 技术规格

功能	测试各种漏电保护器的漏电动作时间
电源	DC 6V 碱性干电池 LR6 1.5V×4
测试线路电压	AC 250V 以下
额定电压	AC 220V
漏电电流挡位	15、30、50、75、100、150、200、250、300、500（mA）
测试漏电动作时间量程	0~999ms
漏电动作时间显示精度	±5%rdg±3rdg（rdg：显示或指示值）
挡位电流精度	±10%rdg±2rdg
失效信息指示	LCD 显示"fault"失效信息指示，可能测试的额定动作电流挡位太小或漏电保护器有故障
测试线长	1.5m
测试模式	手动或自动
显示模式	LCD：128dots×64dots
仪表尺寸	170mm×75mm×30mm
仪表质量	约 290g（含电池），总质量约 350g（含包装）
LCD 尺寸	显示域：44mm×27mm
电源电压	当电池电压降 4.8V 时，电池电压低的符号显示，提醒更换电池。此时测量的数据同样是准确的
工作电流	40mA Max
工作温湿度	−10~40℃；RH（相对湿度）80% 以下
存放温湿度	−10~60℃；RH（相对湿度）70% 以下
绝缘耐压	100MΩ 或更大，AC 2kV/rms（外壳与螺丝之间）
适合安规	IEC1010-1、IEC1010-2-032、污染等级 2、CATⅢ（600V）IEC61326（EMC 标准）

注：IEC 为国际电工委员会缩写；CATⅢ 为电工工作的区域分级；EMC 为测试标准。

四、仪表结构

ETCR 漏电保护器测试仪结构如图 9-2 所示。

图 9-2　ETCR 漏电保护器测试仪结构
1—N 接口（接地线）；2—L 接口（接火线）；3—LCD；4—AT 键；
5—RANGE＋键（挡位加大）；6—MT 键；7—RANGE－键（挡位减小）；
8—RESET 键；9—POWER 键（开关机）；
10—表笔测试线；11—鳄鱼夹；12—插座测试线

五、基本操作

（一）开关机

按 POWER 键开机，LCD 显示，若开机后 LCD 显示较暗，可能电池电压不足，应更换电池。再按 POWER 键关机。仪表开机 5min 后无操作会自动关机。

（二）手动/自动切换

本仪表具有手动（MT）、自动（AT）测试模式。按 MT 键和 AT 键可以切换"手动/自动"模式，开机后仪表默认为进入手动（MT）测试模式。手动模式 LCD 的左上角显示"MT"符号，自动模式 LCD 左上角显示"AT"符号。

自动模式测试时，先从最低挡 15mA 额定动作电流测试按下 RESET 键启动测试，若漏电保护器不跳闸，2s 后仪表自动加大一挡额定动作电流测试，若漏电保护器还是不跳闸，再过 2s 后继续加大一挡额定动作电流测试，直到跳闸分断为止，此时仪表 LCD 下方所指示的电流挡位就是漏电保护器的实际漏电动作电流值，显示的时间就是其漏电动作时间值。

（三）额定动作电流挡位切换

本仪表额定动作电流从 15～500mA 分为十挡：15、30、50、75、100、150、200、250、300、500（mA）挡。按 RANGE－键或 RANGE＋键可以切换挡位，LCD 下方指示测试所在的挡位。仪表开机后默认以最低挡 15mA 开始测试。

（四）启动测试

确保仪器按照指定要求与被测线路连接完成后，在 AT 模式下按下 RESET 键启动测试等待跳闸完成，测试从最低挡 15mA 开始依次增加，等待直到跳闸为止。在 MT 模式下通过手动选择对应的挡位，连接好线路后按下 RESET 键启动测试等待跳闸完成。

（五）测试

测试注意事项见表 9-3。

表 9-3　测试注意事项

⚡	有电，危险！必须由经培训并取得授权资格的人员操作，操作者必须严格遵守安全规则，否则有电击的危险，造成人身伤害或设备损坏
	不能用于测试超过 250V 电压的线路，否则有电击危险，造成人身伤害或设备损坏
	仪表的 L 接口需连接被测试漏电保护器的火线端，仪表的 N 接口需连接被测试漏电保护器的接地端，否则有电击危险，可能造成设备损坏
	仪表配置的插座测试线是专门定制的，红色插头接火线，黑色插头接地线，严禁使用其他插头线代替使用，否则有电击的危险，造成人身伤害或设备损坏

测试前需拆除被测试漏电保护器的负载引线，避免损坏负载端设备。再查看被测试漏电保护器的铭牌标定值，根据铭牌标定值确定漏电电流挡位（一般户内型单相二线式的漏电保护器的额定动作电流为 30mA，额定不动作电流为 15mA，分断时间≤0.1s，即≤100ms）。

仪表开机，先选择测试模式和额定漏电动作电流挡位，仪表开机默认为手动（MT）测试模式。接线参见图 9-3。

图 9-3　单相电路漏电保护器测试示意图

接线一：黑色鳄鱼夹测试线一端插入仪表的黑色"N"接口，另一端鳄鱼夹夹到被测试的漏电保护器的地线桩上；红色表笔测试线一端插入仪表的红色"L"接口，另一端表笔触碰漏电保护器输出端（下端）的火线进行测试。

接线二：黑色表笔测试线一端插入仪表的黑色"N"接口，另一端表笔去触碰漏电保护器输入端（上端）的零线；红色表笔测试线一端插入仪表的红色"L"接口，另一端表笔去触碰漏电保护器输出端（下端）的火线进行测试。

接线三：专用插座测试线的黑色插头插入仪表的"N"接口，红色插头插入仪表的"L"接口，三脚插头插入或触碰插座进行测试。

在连接好线路条件下，按下 RESET 键启动测试，性能正常的漏电保护器会跳闸分断，仪表 LCD 显示被测漏电保护器的分断时间值，如"075ms"。如果漏电保护器不跳闸，LCD 显示"fault"失效信息，可能测试的额定动作电流挡位太小或

第九章 施工现场临时用电的检测

漏电保护器有故障。

如需要测量三相电路（图9-4），则黑色鳄鱼夹测试线一端插入仪表的黑色"N"接口，另一端鳄鱼夹夹到被测试的漏电保护器的地线桩上或零线上；红色表笔测试线一端插入仪表的红色"L"接口，另一端表笔分别去触碰漏电保护器输出端（下端）的 L_1、L_2、L_3 进行测试。

图9-4 三相电路漏电保护器测试示意图

（六）电池更换

电池更换注意事项见表9-4。

表9-4 电池更换注意事项

⚠	更换电池时，测试线应该拨离仪表，不能与被测线路连接，以免触电
	注意电池极性，否则损坏仪表
	电池电量不足，请及时更换
	不能新旧电池混用

241

1. 当主机电池电压降到 4.8V 时，仪表显示"▇▇"符号，表示电池电量不足，应更换电池。

2. 按 POWER 键关机，确认仪表处于关机状态，打开电池盖板，换上全新合格的电池（特别注意电池规格和极性），盖好电池盖板，再开机确认是否完成电池更换。电池开关盖示意图如图 9-5 所示。

图 9-5　电池开关盖示意图

第二节　接地电阻测试

一、ETCR 钳形接地电阻测试仪

ETCR2000A＋钳形接地电阻仪（图 9-6）是升级产品，其先进性能表现为：开机进入测试，采用先进的算法和数字集成处理技术，手持方式及面板 6 键操作，增加声光报警功能和干扰信号识别指示功能，最大启动、工作电流小于 50mA，功耗更低。

ETCR2000A+钳形接地电阻仪通过防爆认证。其防爆标志为ExiaⅡBT：Ga，防爆合格证号为CE18.2380，适用于易燃易爆环境。长钳口适用于扁钢接地的场所，还能测量接地系统的泄漏电流和中性线电流。在测量有回路的接地系统时，不需断开接地引下线，不需辅助电极，能测量出接地故障。由于该钳形接地电阻仪测量的是接地体电阻和接地引线电阻的综合值，因此还能用于传统方法无法测量的场合。

图9-6　ETCR2000A+钳形接地电阻仪

二、规格

（一）型号（图9-7）

钳形接地电阻仪：型号ETCR2000A+，量程0.01～200Ω，分辨力0.001Ω，存储数据99组，电源6V（4节5号碱性干电池），钳口规格65mm×32mm，有声光报警功能。

图9-7　ETCR2000A+钳形接地电阻仪的规格

(二) 量程及准确度 (表9-5)

表9-5 量程及准确度

测量模式	测量范围 (Ω)	分辨力 (Ω)	准确度
电阻	0.010~0.099	0.001	±(1%rdg+0.01Ω)
	0.10~0.99	0.01	±(1%rdg+0.01Ω)
	1.0~49.90	0.1	±(1%rdg+0.1Ω)
	50.0~99.5	0.5	±(1.5%rdg+0.5Ω)
	100~199	1	±(2%rdg+1Ω)
	200~395	5	±(5%rdg+5Ω)

(三) 技术规格 (表9-6)

表9-6 技术规格

电阻量程	0.01~200Ω
电阻分辨力	0.001Ω
数据存储	99组
声光报警	"嘟——嘟——嘟——"报警声,按"AL"键开、关
报警临界值设定范围	电阻:1~199Ω
电源	6V DC(4节5号碱性干电池)
工作温湿度	-20~55℃;RH 10%~90%
液晶显示器	4位LCD数字显示,长宽47×28.5(mm)
钳口尺寸	长钳口65×32(mm)
钳口张开尺寸	长钳口32mm
钳表质量	长钳口1160g(含电池)
钳表尺寸	长钳口:长宽厚285×85×56(mm)
保护等级	双重绝缘
结构特点	钳形CT
换挡	全自动换挡
外部磁场、电场	<40A/m;<1V/m
单次测量时间	0.5s
电阻测量频率	>1kHz

三、钳表结构（图 9-8）

图 9-8　钳表结构

图中：

1—长钳头：65×32（mm）。

2—扳机：控制钳口张合。

3—HOLD 键：锁定/解除显示/存储。

4—ON/OFF 键：开机/关机/退出/组合清除数据。

5—MEM 键：数据查阅键/组合清除数据。

6—AL 报警功能键：报警功能开启/关闭/报警临界值设定。

7—电阻测量切换键 Ω/右箭头键。

8—电流测量切换键 A/左箭头键。

9—液晶显示屏。

四、液晶显示

(一) 液晶显示屏 (图 9-9)

图 9-9 显示屏

图中：

1—报警符号。

2—电池电压低符号。

3—存储数据已满符号。

4—数据查阅符号。

5—两位存储数据组编号数字。

6—电流、电压单位符号。

7—电阻单位符号。

8—干扰信号。

9—数据锁定符号。

10—钳口张开符号。

11—直流 DC 符号。

12—十进制小数点。

13—四位 LCD 数字显示。

14—交流 AC 符号。

（二）特殊符号说明

（1）`IIIC` 钳口张开符号，钳口张开时，该符号显示。此时，可能人为扣压扳机或钳口已严重污染，不能再继续测量。

（2）"Er"开机出错符号，可能开机时扣压扳机或钳口已张开。

（3）`+`电池电压低符号，当电池电压低于5.3V，此符号显示，此时不能保证测量的准确度，应更换电池。

（4）"0LΩ"符号，表示被测电阻超出了钳表的上量程。

（5）"L0.01Ω"符号，表示被测电阻超出了钳表的下量程。

（6）"0L A"符号，表示被测电流超出了钳表的上量程。

（7）`·))` 报警符号，当被测量值大于设定报警临界值时该符号闪烁显示，同时仪表发出间歇"嘟——嘟——嘟——"声。

（8）`MEM`存储数据已满符号。内存数据已满99组，不能再继续存储数据，`MEM`号闪烁。

（9）`MR`查阅数据符号，在查阅数据时显示，同时显示所存数据的编号。

（10）`NOISE`符号，当被测试接地回路有较大干扰电流时此符号闪烁显示，同时仪表发出"嘟——嘟——嘟——"提示声。此时不能保证测试的准确性。

（三）显示示例

（1）钳口处于张开状态，不能测量（图9-10）。

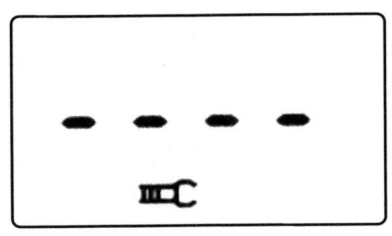

图9-10　钳口处于张开状态

(2) 开机出错指示 Er (Error)（图 9-11）。

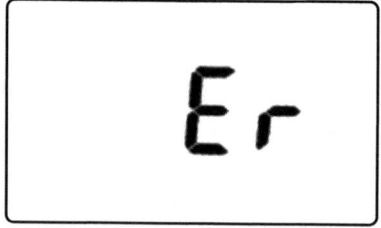

图 9-11　开机出错指示

(3) 被测回路电阻小于 0.01Ω（图 9-12）。

图 9-12　测试显示（1）

(4) 被测回路电阻为 5.1Ω（图 9-13）。

图 9-13　测试显示（2）

(5) 被测回路电阻为 2.1Ω；锁定当前测量值为 2.1Ω；自动存储为第 08 组数据（图 9-14）。

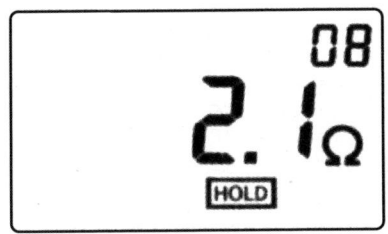

图 9-14　测试显示（3）

(6) 查阅存储的第 26 组数据，被测回路电阻为 0.028Ω（图 9-15）。

图 9-15　测试显示（4）

(7) 查阅所在第 08 组数据，被测量的电阻为 30.0Ω，此数据在有限大干扰信号时测得（图 9-16）。

图 9-16　测试显示（5）

249

五、操作方法

(一) 开机注意事项 (表 9-7)

表 9-7 开机注意事项

注意	开机时,不能扣压扳机,不能张开钳口,不能钳任何导线
	开机完成,显示"0LΩ"后才能扣压扳机,打开钳口,钳被测导线
	开机前,扣压扳机一两次,确保钳口闭合良好
	开机时,要保持钳表的自然静止状态,不能翻转钳表,不能对钳口施加外力,否则不能保证测量的准确度

按"ON/OFF"键开机,首先自动测试液晶显示器,其符号全部显示[图 9-17 (a)],同时仪表自动校准,开机完成后显示"0LΩ",自动进入电阻测量模式[图 9-17 (b)]。若没有正常开机自动校准,仪表会显示"Er"符号,表示开机出错[图 9-17 (c)]。

图 9-17 开机操作程序

开机出错要检查原因后再重新开机。如果开机自检后未出现"0LΩ",而是显示一个较大的阻值(图 9-18),但用检测环检测时,仍能给出正确的结果,说明钳表仅在测大阻值时(如大于100Ω)有较大误差,而在测小阻值时仍保持原有准确度,可放心使用。

第九章 施工现场临时用电的检测

图 9-18 开机错误显示

（二）关机

钳表在开机后，按"ON/OFF"键关机。

钳表在开机 5min 后，液晶显示屏进入闪烁状态，闪烁状态持续 30s 后自动关机，以降低电池消耗。在闪烁状态按"ON/OFF"键可延时关机，钳表继续工作。

在 HOLD 状态下，需先按 HOLD 键退出 HOLD 状态，再按"ON/OFF"键关机。

在设定报警临界值状态下，需先按"ON/OFF"键或按"AL"键 3s 退出设定报警临界值状态，再按"ON/OFF"键关机。

（三）电阻测量

开机自检后，显示"0LΩ"即可进行电阻测量，此时扣压扳机、打开钳口、钳住待测回路，读取电阻值。操作方法如图 9-19 所示。

如操作人员认为测试仪的测试数值不准确，可以按图 9-20 所示进行操作，用随机的测试环（图 9-21）对测试仪进行自检。自检的显示值应该与测试环上的标称值一致（5.1Ω），测试环上的标称值是在温度为 20℃下的值。如显示值与标称值相差 0.1Ω 属于正常。如测试环的标称值为 5.1Ω 时，显示 5.0Ω 或 5.2Ω 都是正常的。

显示"0LΩ"，表示被测电阻超出了钳表的上量程，见图 9-17（b）。

251

图 9-19　电阻测量操作

图 9-20　测试环的应用

图 9-21　测试环

第九章　施工现场临时用电的检测

显示"L0.01Ω",表示被测电阻超出了钳表的下量程,见图9-22。

图 9-22　钳表下量程读数显示

闪烁显示·))符号,同时具有间歇"嘟——嘟——嘟——"声,表示被测电阻超出了电阻报警临界值。

在 HOLD 状态下,需先按"HOLD"键退出 HOLD 状态,才能继续测量。

在 MR 状态下,需先按"MEM"键退出 MR 状态,才能继续测量。

在设定报警临界值状态下,需先按"ON/OFF"键或按"AL"键 3s 退出设定报警临界值状态,才能继续测量。

(四)数据锁定/解除/存储

在测试模式下,按"HOLD"键锁定当前显示值,显示符号 HOLD,同时将此锁定值作为一组数据依次自动编号并存储,再按"HOLD"键取消锁定,HOLD 符号消失,可继续测量。循环操作,能存储99组数据。若存储已满,闪烁显示 MEM 符号。

如图 9-23 所示,锁定被测电阻 0.016Ω,同时作为第 01 组数据存储。

如图 9-24 所示,锁定被测电流 278mA,同时作为第 99 组数据存储,此时内存已满,MEM 符号闪烁显示。

在数据查阅模式下,按"MEM"键退出数据查阅,才能进行数据锁定、存储操作。

253

图 9-23　第 01 组数据存储　　图 9-24　第 99 组数据存储

在报警临界值设定状态下，需先按"ON/OFF"键或按"AL"键 3s 退出报警临界值设定状态，才能进行数据锁定、存储操作。关机后再开机，不会丢失所存数据。

（五）数据查阅

按"MEM"键进入查阅存储数据模式，且默认显示所存的第 01 组数据，见图 9-25。再按向右箭头键，向上翻阅所存数据，按向左箭头键，向下翻阅所存数据。若无存储数据，显示见图 9-26。

图 9-25　数据查阅有结果　　图 9-26　数据查阅无结果

在报警临界值设定状态下，需先按"ON/OFF"键或按"AL"键 3s 退出报警临界值设定状态，再按"MEM"键进入查阅存储数据模式。

（六）报警功能设定

在测试模式下，按"AL"键开启或关闭报警功能。

在测试模式下，长按"AL"键 3s 后进入设定报警临界值功能，此时最高位数字闪烁，先设置最高位，见图 9-27、图 9-28。按"AL"键切换高位到低位的数字，在当前位数字闪烁时按左右箭头键改变0、1等的数字。各位数字设置完毕后,按"AL"键3s确认当前设定的报警临界值。设定成功即开启报警功能,然后自动回到测量模式。若负载大于报警临界值,仪表会闪烁显示报警符号,同时发出间歇"嘟——嘟——嘟——"声。

图9-27 电阻报警值设定　　图9-28 电流报警值设定

设定过程中,按"ON/OFF"键可以退出报警临界值设定功能,返回测量状态,不改变之前的设定值。

在数据查阅模式下,按"MEM"键退出数据查阅模式后,才能进行报警临界值设定操作。

(七)报警临界值查看

在测试模式下,按"AL"键3s后进入查看报警临界值,其高位闪烁显示,每次查看的是上次设定的值。再按"AL"键3s或"ON/OFF"键退出查看,返回测量状态。如020Ω(图9-29),上次设定的电阻报警临界值为20Ω。

图9-29 报警临界值显示

（八）数据清除

在数据查阅模式下，按"MEM"键＋"ON/OFF"键，自动清除所有存储数据。数据清除后不能再恢复。

六、电阻测量原理

ETCR钳形接地电阻仪测量接地电阻的基本原理是测量回路电阻（图9-30）。钳表的钳口部分由电压线圈及电流线圈组成。电压线圈提供激励信号，并在被测回路上感应一个电势E。在电势E的作用下将在被测回路产生电流I。钳表对E及I进行测量，通过公式可得到被测电阻R，即$R = E \div I$。

图9-30　电阻测量原理示意图

在这里需要指出的是：从测试原理来说，ETCR钳表只能测量回路电阻，对单点接地的电阻值是测不出来的。操作人员可以利用一根测试线及接地系统附近的接地极，人为地制造一个回路进行测试。

七、接地电阻测量方法

下面介绍用钳表测量单点接地电阻的方法。此种方法可应用于采用传统的电压-电流法无法测试的情况。

（一）重复接地电阻的测量方法

重复接地属于多点接地系统，按图 9-31 的测量示意图进行操作。

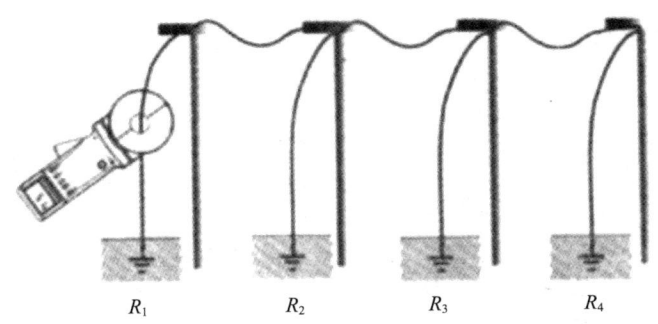

图 9-31　重复接地电阻的测量示意图

（二）变压器中性点接地电阻的测量

变压器中性点接地有两种情况：一是有重复接地，构成多点接地系统；二是无重复接地，按单点接地测量。

测量时，如钳表显示"L0.012"，可能同一个变压器有两根以上接地引下线并在地下连接。此时应将其他的接地引下线解开，只保留一根接地引下线。

(1) 变压器中性点有重复接地的电阻测量，按图 9-31 操作。

(2) 变压器中性点无重复接地的电阻测量，按图 9-32 操作。在被测接地体 R_A 附近找一个独立的接地较好的接地体 R_B（如自来水管、建筑物等），将 R_A 和 R_B 用测试线连接好后进行测量即可。

图 9-32　变压器中性点无重复接地的电阻测量

（三）防雷接地电阻的测量

建筑施工现场的防雷装置，设置在施工现场的最高处——塔式起重机上。根据现行《施工现场临时用电安全技术规范》JGJ 46 强制性条文规定："5.4.7　做防雷接地机械上的电气设备，所连接的 PE 线必须同时做重复接地，同一台机械电气设备的重复接地和机械的防雷接地可共用同一接地体，但接地电阻应符合重复接地电阻值的要求。"因此，防雷接地电阻的测量可按图 9-19 的方式进行操作。

（四）建筑物防雷接地系统的测量

路桥、水利水电工程等进行野外施工时，应注意对建筑物在内的防雷接地电阻的测量。一般情况下，建筑物的接地极如果是互相独立设置的，各接地极的接地电阻测量如图 9-33 所示。

图 9-33　建筑物防雷接地的测量

八、测量接地电阻的注意事项

用 ETCR 钳表和传统的电压-电流法进行对比测试，出现较大的差异的原因可能是：

（1）用传统的电压-电流法测试时是否对被测接地体进行了解扣，即是否把被测接地体从接地系统中分离出来了。如果未解扣，那么所测量的接地电阻值是所有接地体接地电阻的并联值。

测量所有接地体接地电阻的并联值，一般没有什么意义。因为测量接地电阻的目的是将它与有关标准所规定的一个允许值进行比较，以判定接地电阻是否合格。

（2）用 ETCR 钳表所测得的接地电阻值是该接地支路的综合电阻，它包括该支路到公共接地线的接触电阻、引线电阻以及接地体电阻。用传统的电压-电流法在解扣的条件下，所测得的值仅仅是接地体电阻。所以，采用 ETCR 钳表测量，安全性能更好。

九、测量点的选择

在某些接地系统中，如图 9-34 所示，应选择一个正确的测量点进行测量，否则会得到不同的测量结果。

图 9-34　正确测量点的选择

在 A 点测量时,所测的支路未形成回路,钳表显示"0L",应更换测量点。

在 B 点测量时,所测的支路是金属导体形成的回路,钳表显示"L0.01Ω"或金属回路的电阻值,应更换测量点。

在 C 点测量时,所测的是该支路下的接地电阻值。此测量点选择正确。

第三节　绝缘电阻测试

一、BM3549 绝缘电阻测试仪

BM3549 绝缘电阻测试仪(图 9-35),是自动量程数字式绝缘电阻表＋数字万用表。其功能齐全、准确度高、操作可靠、使用方便。在临时用电设备安装完成后,通过对相线、接地和接地导线之间的高压 DC 测试,能够发现系统中接线错误和用电设备的缺陷,避免发生事故。

图 9-35　BM3549 绝缘电阻测试仪

普通绝缘电阻表不能测量自身输出的高压,但 BM3549 绝缘电阻测试仪可监测输出高压,在任何时候都能观察到仪表实际输出的测量电压。该仪表测量范围最高可达到 40GΩ,可根据需要设置测量时间,测量完毕后自动保存测量结果。数字多用表功能有交直流电压、电流、电阻、电容、频率、二极管及通断测量等,数字万用表功能和绝缘电阻表功能是完全分开的。

BM3549 绝缘电阻测试仪,适用于测量变压器、电机、电缆、开关、电器等各种电气设备及绝缘材料的绝缘电阻,能够对各种电气设备进行保养维修、试验及检定。

二、安全事项

(1) 了解安全符号说明。

⚠ 警告提示,表示使用者务必注意阅读!

⚠ 高压电击的危险!

回 双重绝缘保护。

(2) 使用前应仔细阅读说明书。

(3) 后盖没有盖好前严禁使用,否则有电击危险。

(4) 使用前应检查确认表笔的绝缘层完好,无破损。

(5) 为避免电击,在测试时勿接触测试引线头及被测电路。

(6) 确定导线的连接插头已紧密地插入端子内。

(7) 测量时,任一量程都不要超过规定的最大输入值。

(8) 在测量过程中,不要任意拨动旋转开关改变量程,以防损坏仪表。

(9) DC 50V 以上的直流或 AC 36V 以上的交流电压都可能产生电击危险,测量时应小心操作。

(10) 绝缘测试前应确认量程选择开关已设定在适当的电压范围内。

(11) 勿在易燃性环境中测试绝缘电阻,火花可能引起爆炸。

（12）仪表在使用中，机壳或测试线发生断裂而造成金属外露时，应停止使用。

（13）打开仪表后盖更换电池时，务必确认测试导线已从测试端子移出，量程开关切换到 OFF（关）位置。

（14）长期不用时应取出电池。

（15）仪表显示"⊞⊟"时，应及时更换电池，以确保测量准确度。

三、部件名称和功能（图 9-36）

图 9-36　BM3549 绝缘电阻测试仪的部件名称

图中：

1—功能开关旋钮：切换电源 ON/OF、绝缘电阻的测量电压、万用表的各种功能。

2—TEST/STOP 键：用于绝缘电阻的测量。RANGE 键：在万用表功能做手动量程功能转换，绝缘电阻挡无此功能。

RANGE 键以触发方式动作，开机时预设为自动量，按一下即切换为手动量程。在手动量程模式下每拨一下往上跳一量程，到最高量程后继续按此键则跳至最低量程，依次循环。如按此键超过 2s 则切换回自动量程状态。

3—SELECT 键：用于设置绝缘电阻的测量时间和同一挡位各功能切换。

4—DH/BL 键：数据保持/背光功能。按一下锁定显示结果，再按一下恢复正常测量（在仪表显示 0L 时，无保持功能）；长按 2s 进行背光的点亮/关闭切换（在调试状态无背光）。

5—L（LINE）输入端（接被测对象线路端）。

6—V/Ω/mA/Hz/CAP 输入端：数字万用表公共正输入端。

7—COM/G 输入端（COM 是万用表公共端/G 是绝缘电阻屏蔽端）。

8—E（EARTH）输入端（接被测对象地端）。

9—液晶显示器（图 9-37）。

图 9-37　液晶显示器

各标志名称：

小 8888：绝缘电阻高压测量值。

—8888：各种功能测量值。

min：绝缘电阻测量时间（分钟）。

0L：溢出显示，表示测量值超过最大显示值。

ERR：表示设备有严重的漏电或短路现象。

+−：电池电量不足。

10—高压工作指示灯。

11—测试线放置盒。

12—吊带安装环。

四、一般特性

(1) 自动量程，过载显示"DL"。

(2) 显示方式：液晶显示，最大显示 4000。

(3) 采样速率：2 次/s。

(4) 仪表能显示实际绝缘测试电压，LED 灯指示高压输出状态。

(5) 工作环境：0～40℃，RH 小于 75%。

(6) 储存环境：−10～60℃，RH 小于 80%。

(7) 最大功耗：4.5W，最小功耗 18mW。

(8) 电池不足指示：显示"+−"。

(9) 电源：1.5V 电池 6 节（LR6×6）。

(10) 自动关机：在万用表功能开机后，如不按键及拨动旋钮动作，约 15min 后自动关机。

(11) 外形尺寸：长宽高 170mm×156mm×64mm。

(12) 质量：约 650g（含电池）。

五、绝缘测试仪技术特性及使用说明

（一）基本技术特性

(1) 准确度：±（%读数＋字数）保证期一年。

(2) 保证准确度环境：(23±5)℃，RH 小于 75%。

(二) BM3549 绝缘电阻技术参数 (图 9-38)

BM3549绝缘电阻技术参数

额定电压	测量范围	测量精度
500V	0.5M-4GΩ	0.5M-4GΩ:±(5%读数+5个字)
1000V	1.5M-40GΩ	
2500V	5M-40GΩ	4.01G-40GΩ:±(10%读数+5个字)

额定电压	测量量程	分辨力
500V	4M/40M/400M/4GΩ	1k/10k/100k/1MΩ
1000V	40M/400M/4G/40GΩ	10k/100k/1M/10MΩ
2500V	40M/400M/4G/40GΩ	10k/100k/1M/10MΩ

开路电压是额定电压的0.9到1.1倍,短路电流不小于1mA。
跌落电阻值:500V档是0.5MΩ,1000V档是1.5MΩ,2500V档是5MΩ。

图 9-38　BM3549 绝缘电阻技术参数

(三) 测量端子特性 (表 9-8)

表 9-8　测量端子特性

额定电压	开路电压容许范围	跌落电阻值	短路电流
250V	额定电压的 90%~110%	250kΩ (小于 200kΩ 显示 ERR)	不小于 1mA
500V		500kΩ (小于 400kΩ 显示 ERR)	
1000V		1.5MΩ (小于 1MΩ 显示 ERR)	
2500V		5MΩ (小于 2MΩ 显示 ERR)	

(四) 绝缘电阻测量使用方法

1. ⚠危险:使用任何一款测量仪器时,必须熟读该款测量仪器的使用手册,在充分理解相关内容后方可按手册要求操作,否则因测量有误,会造成人身伤害或仪器损毁事故。

2. 安全注意事项:

(1) 测试开始前,确认量程开关的位置及测试线的连接是否牢固。

(2) 测绝缘电阻时,被测对象不能带电,并有安全接地。

测试前被测试对象的测试两端点内的线路,要进行短路放电。

① 将控制被测对象的断路开关断开。

② 将被测对象与其控制的分支电路的导线、设备断开。

(3) 按高压按键后,L端和E端之间可输出250V及以上的电压,此时严禁触碰仪表和被测物体的裸露部分。

(4) 在测量过程中,不要触摸被测对象,防止触电。

(5) 测绝缘电阻时,不应让外界电压加入测试回路。

(6) 绝缘电阻测试完毕,确认被测对象上的高压小于50V后,才可以拆除测试线,防止触电。

3. 绝缘电阻测试:

(1) 测试端连线

将高压测试棒的红色测试笔插头插入仪表的L端插座,将红色测试线的插头插入仪表的E端插座,将带黑色测试笔的测试线的插头插入仪表的G端插座。三支笔头分别连接好夹子。

(2) 测试连线

仪表E端插座的接线为接地线;

仪表L端插座的接线(带高压测试棒)为线路线;

仪表G端插座的接线(表笔带夹子)为屏蔽线,接在被测对象的表面,以防止表面泄漏影响测试阻抗。

在这里需要特别指出的是:绝缘电阻测试仪测量的是被测物面到面的电阻值,不是点到点的电阻值。所以导线不能接在不导电的物体(如电缆胶皮、塑料外壳)表面,需要先用导电的材料(如锡箔纸)覆贴于被测物的表面,再将导线接在导电面上,才可以测量。

(3) 额定电压选择

选择绝缘电阻测试需要的额定电压,将量程开关旋钮转到相应电压挡,并根据测试时间的要求,按"SELECT"键选择1min、2min或10min。

(4)将测试棒的表笔接到测试对象的另一端。按下高压开关("TEST/STOP"键),此时红色指示灯亮,表示测试高压输出已经接通,仪表上能显示实际高压数值。

在测试开始后,仪表有读数显示,其显示的数值即为被测对象的绝缘电阻值。为了方便使用,当到达设定的测试时间时,仪表自动切断高压,锁定保存测量结果。当测量结果小于该测量电压下设定的最小电阻值时,仪表显示"ERR"值。如需重新测量,可按任意键解除锁定状态,再进行测量。

⚠请勿在高压输出状态短路两个测试表笔或高压输出之后再去测量绝缘电阻,这种不当操作极易产生火花而引起火灾,还会损坏仪器。

操作时特别注意:在测试前,确定待测电路没有电存在,请勿测量带电设备或带电线路的绝缘。在测试时,仪器有危险电压输出,一定要小心操作,确保被测物已夹稳,手已离开测试夹后,再按"TEST"键输出高压。

当 500V 测量电阻低于 2MΩ、1000V 或测量电阻低于 5MΩ、2500V 或测量电阻低于 10MΩ 时,测量时不要超过 10s,以减少电池损耗。

(5)关机

测试完毕后,解除仪表锁定状态,当电压显示值小于 50V 时,将量程开关旋转到 OFF 位置,再拆下测试线,测试完毕。

注:在绝缘电阻测量功能位置时,仪表不能自动关机。在测试完毕后,将量程开关旋转到 OFF 位置。

六、万用表技术特性及使用说明

(一)基本技术特性

(1)准确度:±(%读数+字数)保证期一年。

(2)保证准确度环境:(23±5)℃,RH 小于 75%。

（二）技术参数

1. 直流电压参数（表 9-9）

表 9-9　直流电压参数

量程	准确度	分辨力
400mV	±（0.5%读数+5 个字）	0.1mV
4V		1mV
40V		10mV
400V		100mV
1000V	±（0.8%读数+5 个字）	1V

输入阻抗：400mV 量程大于 1000MΩ，其余量程为 10MΩ。

最大输入电压：直流或交流峰值 1000V。

2. 直流电流参数（表 9-10）

表 9-10　直流电流参数

量程	准确度	分辨力
40mA	±（0.8%读数+5 个字）	10mA
400mA		100mA

过载保护：0.5A/250V 保险丝。

3. 交流电压参数（表 9-11）

表 9-11　交流电压参数

量程	准确度	分辨力
4V	±（0.8%读数+5 个字）	1mV
40V		10mV
400V		100mV
700V	±（0.8%读数+5 个字）	1V

频率范围：40～400Hz（400V、700V 量程为 40～100Hz）

最大输入电压:直流或交流峰值1000V。

显示:平均值(正弦波有效值校准)。

4. 交流电流参数(表9-12)

表9-12 交流电流参数

量程	准确度	分辨力
40mA	±(1%读数+5个字)	10mA
400mA		100mA

过载保护:0.5A/250V保险丝。

5. 电阻参数(表9-13)

表9-13 电阻参数

量程	准确度	分辨力
400Ω	±(0.8%读数+5个字)	0.1Ω
4kΩ		1Ω
40kΩ		10Ω
400kΩ		100Ω
4MΩ	±(1%读数+3个字)	1kΩ
40MΩ	±(2%读数+3个字)	10kΩ

过载保护:250V RMS。

6. 电容参数(表9-14)

表9-14 电容参数

量程	准确度	分辨力
40nF	±(3%读数+5个字)	10pF
400nF		100pF
4μF		1nF
40μF		10nF

过载保护：250V RMS。

7. 频率 FREQ 参数（表 9-15）

表 9-15 频率 FREQ 参数

量程	准确度	分辨力
40Hz	±（0.5%读数+3 个字）	0.01Hz
400Hz		0.1Hz
4kHz		1Hz
40kHz		10Hz
400kHz		100Hz
4MHz		1kHz

过载保护：250V RMS。输入灵敏度：2V RMS。

注：如被测频率幅度大于 50V，应在 ACV 功能按"SELECT"键进入频率功能，然后再测量。

8. 二极管正向压降 ▶┤

显示近似二极管正向电压值。测试条件：正向直流电流约 0.5mA，反向直流电压约 1.5V。

9. 通电测试 •))

导通电阻小于约 60Ω 时，机内蜂鸣器响。测试条件：开路电压约 0.5V。

（三）数字万用表使用说明

1. 交/直流电压测量

将旋转开关拨至"V⎓"或"V～"量程，将黑表笔插入"COM"插孔，红表笔插入"V/Ω/mA/Hz/CAP"插孔。将表笔并接在被测电路两端，可直接读取液晶显示屏上的读数。

注意事项：(1) 输入电压不要超过限定值，如果超过可能损坏仪表电路；当显示大于 DC 1100VHU 或 AC 770V 时，仪表显示"0L"，表示输入电压已超过仪表最大极限值。(2) 当测量高压电路时，操作人员注意避免触及高压。

2. 交/直流电流测量

将旋转开关拨至"mA"量程，此时仪表预设为直流电流测量功能。将黑表笔插入"COM"插孔，红表笔插入"V/Ω/mA/Hz/CAP"插孔。如测直流电流，将表笔串接于被测电路，可直接读取液晶显示屏上的读数；如测交流电流，按"SELECT"键切换至交流电流量程，再将表笔串接于被测电路读取显示读数。

注：输入电流不要超过限定值，如果超过可能损坏仪表的电路。

3. 电阻及通断测量

⚠警告！测量电阻及通断时，必须保证在被测电路或元件上没有电压。

将旋转开关拨至"Ω •))"挡位，此时仪表预设为电阻量程，将红表笔插入"V/Ω/mA/Hz/CAP"插孔，将黑表笔插入"COM"插孔。将表笔并接到测试电路或元件两端，读取电阻值。

按"SELECT"键可切换至 •)) 量程，当被测电阻值小于约 60Ω 时，蜂鸣器会发出响声，这就是通断检查。当表笔开路时或输入过载时，显示屏会显示"OL"。

4. 二极管正向压降测量

将旋转开关拨至"Ω ▶|"挡位，按"SELECT"键切换至量程。将红表笔插入"V/Ω/mA/Hz/CAP"插孔，将黑表笔插入"COM"插孔（红表笔极性为"＋"），将表笔并接在被测二极管两端，读取正向压降伏特值，当二极管反接或输入端开路时，显示屏会显示"OL"。

5. 电容测量

⚠警告！测量电容时，必须保证被测电容器已放完电。

将旋转开关拨至"CAP"挡位，将红表笔插入"V/2/Hz/CAP/mA"插孔，将黑表笔插入"COM"插孔。将表笔并接在被测电容器两端,可读取电容值。当电容值较大时,测量时间可能要超过 10s。

6. 频率测量

将旋转开关拨至 Hz 量程,将红表笔插入"V/Q/mA/Hz/CAP"插孔,将黑表笔插入"COM"插孔。将表笔并接于被测电路,读取频率值。频率挡位灵敏度约 2V RMS。

注:

(1) 在强噪声环境下,测量小信号时最好用屏蔽线。

(2) 如被测频率幅度大于 50V 时,应在"ACV"量程按"SELECT"键进入频率功能,然后再测量。用此方法测量高压频率时仪表能承受电压峰值可达 1000V,可防止电压幅度过高时损坏仪表。仪表能将被测电压自动衰减到 IC(集成电路)能处理的最佳幅度值,并具有良好的抗干扰能力。

7. 自动关机

开机后如无操作按键及拨动旋钮动作,约 15min 后自动关机。

七、调校仪表

特别注意:没有看懂调校说明之前,不要进入调试状态,否则可能弄丢仪表内部存储的校验数据,造成仪表无法正常测量。

(一) 仪表面板上的按键在调试状态下的功能

(1) 轻触一下"DH/BL"键,蜂鸣器鸣一短声,此时按数下"TEST/STOP"键可调节显示值增大;按数下"SELECT"键可调节显示值减小。再轻触一下"DH/BL"键,蜂鸣器长鸣一声,"SELECT"键和"TEST/STOP"键恢复初始功能。长按"DH/BL"键,直到蜂鸣器鸣两声后保存当前调校结果。在调试状态下"DH/BL"键无数据保持和背光控制功能。

(2) "TEST/STOP"键。视"DH/BL"键而定,为高压

开关或调节显示值加。

(3)"SELECT"键。视"DH/BL"键而定,为功能开关或调节显示值减。

(二)仪表的三种调校方法

(1)校验该功能的所有量程。各量程都有一个标准校准点。除 DC 1000V 和 AC 700V 挡在"500V"点外,其余在"1000"点处(例如 10.00μF 点)。任选一个点,该功能的所有量程都得到校验。

(2)可在任一功能的任一量程校准该量程。与第1条相同,操作结果只影响当前量程。

注:上述两种方法仅适用于高级用户。

(3)可在任一功能的任一量程的任意一点校准该量程。即使用户不具备能输出本表所需标准点的信号源,只要具有 0.2级及以上的监测表,利用监测表监测待调表的输入值,用待调表面板上的按键调整仪表,使待调表的显示值与监测表相同即可。

(三)选择并进入一种调试状态的三种方法

(1)先将转盘开关旋至"OFF"位置,按住"DH"键不放。再将转盘开关旋至需要调试的挡位,直到听到"嘟——嘟"两声后,再释放"DH"按键。仪表此时进入 2-3 校准状态。

(2)先将转盘开关旋至"OFF"位置,同时按住"DH"键和"SELECT"键不放。再将转盘开关旋至需要调试的挡位,直到听到"嘟——嘟"两声后再释放按键。仪表此时进入 2-2 校准状态。

(3)先将转盘开关旋至"OFF"位置,同时按住"DH"键和"TEST/STOP"键不放。再将转盘开关旋至需要调试的挡位,直到听到"嘟——嘟"两声后再释放按键。仪表此时进入 2-1 校准状态。

（四）调试举例

（1）用 2-3 方法校验交流电流挡：将红表笔插入"V/0/mA"插孔并连接到校验源的正输出端，黑表笔插入"COM"插孔并连接到校验源的负输出端。进入调试状态时转盘旋至"mA"挡位，按"SELECT"键选择测量交流电流模式，轻触一下"DH/BL"键，仪表短鸣一声，此时"TEST/STOP"键和"SELECT"键可调节待校验表显示值的大小。若校验输出电流是交流 10mA，调节被校表的显示为"10.00"，长按"DH/BL"键直到听到"嘟——嘟"两声后再释放按键。交流 10mA 挡已被校准。若用 2-3 方法校验交流 100mA 挡，只要将校验电流增大到 100mA，仪表自动切换到交流 100mA 挡，调整待校表显示为"100.0"再长按"DH/BL"键即可。

（2）兆欧挡高压发生器输出的电压出厂时已设定好，是靠电阻来调节的，无法用软件调整。

（3）用 2-1 方法调兆欧挡测量电压监测表：将带高压测试棒的测试笔插头插入仪表的 L 端插座，将红表笔插入"L"插孔并连接到校验源的负输出端，黑表笔插入"COM"插孔并连接到校验源的正输出端（红负、黑正不要搞错，否则将烧坏内部电路）。进入调试状态时，转盘旋至测量兆欧的 1000V 或 2500V 电压挡位。在不开启待校验表的内部高压的前提下，校验源输出直流 1000V 电压，正电压加到待校验表的"COM"输入端，负电压加到待校验表的"L"端，待显示平稳后长按"DH/BL"键即可。

（4）用 2-1 方法校验兆欧挡电阻值：将带高压测试棒的测试笔插头插入仪表的 L 端插座，将带测试夹的测试线的插头插入仪表的 E 端插座，将带黑色测试笔（表笔连上夹子）的测试线的插头插入仪表的 G 端插座。将电阻箱的输出电阻设定为 100MΩ，按"SELECT"键选择定时为 1min，启动待校表的高压，兆欧表的电压表显示输出的高压值。等待校验表的显示稳定后长按"DH/BL"键,待蜂鸣器两声鸣叫后所有测量电压下所有兆欧量程都被校验(注意:在调试状态下,当未开启高压时,不可按"DH/BL"键,否则会弄丢高压校准值)。

(5)频率挡不需校验。二极管在调 DC 4V 挡时自动参照,通断挡在调校好 400Ω 电阻挡时自动参照。

(6)各挡都调完后,须关机后重新开机,各调试值才能起作用。

特别强调:不具备校验条件的操作人员禁止调校。

八、仪表保养

> ⚠警告!在打开表壳或电池盖之前,应关闭电源及断开表笔,以防止电击危险。

(1)当仪表显示"⊞"符号时,需更换电池。打开电池盖,换上相同型号的电池,以保证该表正常工作。

(2)为保护仪表内部的电路,如电流挡保险丝烧毁,必须更换同样规格的保险丝。在打开底壳前务必将旋钮转到关机位置(OFF),防止被高压电击。

(3)保持仪表和表笔的清洁、干燥和无损,用干净布或去污剂清洁表壳,但不能用研磨剂或有机溶剂。

(4)避免机械损毁、振动、冲击,避免仪表处于高温环境或强磁场内。

第十章 施工现场临时用电系统及电气设备故障的排除

第一节 临时用电系统的故障及排除

一、三级配电的常见问题及引发的故障

（1）在总配电箱以下串联设置三个或多个分配电箱，用分配电箱中断路器控制用电设备。一是由于没有形成三级配电而缺失一级漏电保护，如发生触电事故时增加伤亡的概率。二是维修分配电箱内的电器元件时，该分配电箱管控的用电设备需全部断电。三是如果总配电箱漏电保护器动作，施工现场将全面断电。上述情况会严重影响施工安全与施工进度。

（2）采取适用于近距离和小容量负荷场所使用的串联分配电箱的方式配线。这种串联的链式配线链，连接的独立负荷不宜超过4个，否则配电系统的电压不能满足用电设备的正常使用要求。

（3）重复接地在引下线上没有设置测试端子。由于没有设置测试端子，不能测试接地电阻的阻值。如果接地电阻阻值大于10Ω，在发生漏电时重复接地起不到应有的作用。

二、配电室进出线的常见问题及引发的故障

（1）进线缺少套管防护或进线口位置防护不严密，易造成电源线绝缘层的损伤。

(2）进线零乱、未设线束固定，电缆没有挂牌、标识。进线零乱未固定，电流通过线路时，线路之间的相互干扰易产生感应电压，未形成导电回路则存在安全隐患，如果形成回路则产生事故。电缆没有挂牌、标识，影响对线路的识别，发生突发事件时，不能迅速切断相应的电源分断隔离开关。

(3）进出电缆线路未设置电缆沟保护或电缆沟未设盖板。未设置电缆沟易损伤电缆，电缆沟未设盖板易造成老鼠损坏电缆绝缘层。

(4）电源（缆）线没有根据用电量进行电流计算。如果导线载流量不能满足所需电流量，电流超载会造成导线过热（长期工作温度超过 65℃），导线绝缘层加速老化或破坏，进而引发短路事故。

三、配电室构造的常见问题及引发的故障

(1）配电室选址在低洼处，室内地面低于室外地坪，未设置有效的排水设施。

(2）配电室建筑材料不能满足防火要求，室内净高度低于 3m，未设置自然通风、防鼠措施，配电室面积过小等。

(3）配电室通道上堆放障碍物、地面未铺设绝缘垫。

上述情况存在多种安全隐患，如电源线的绝缘强度降低、电源线破损、电器元件受潮失灵、配电室潮湿等，增加了感应触电的概率。

四、配电室内部布置的常见问题及引发的故障

(1）使用非电气火灾专用的灭火器，或灭火器过期失效；灭火砂箱数量少、容量小。

(2）没有设置事故照明或未在总配电箱接入线前端连接照明线路。

(3）配电室存在一室多用的情况，配电室铁门和电气设备

金属外壳未做接零保护。

（4）总配电箱周围作业空间未达到现行规范要求，未设置相应的安全警示标识。

上述情况存在多种安全隐患，如使用非专用灭火器或砂子扑灭配电箱火灾，会造成配电箱内的电器元件大部分失灵或损坏。

五、配电箱配置中的常见问题及引发的故障

（1）箱体板材厚度没有达到现行标准要求、箱体陈旧破损，配电箱及其安装的电器元件未通过国家强制性产品"CCC"的认证。

（2）未使用可见分断点的断路器、漏电保护器，断路器或漏电保护器技术参数与实际不匹配。

（3）导线线色混乱、错接、布线零乱，进出线未做绝缘护套保护。

（4）未设置N线、PE线接线端子板或端子板损坏。

（5）PE线截面面积小于现行规范要求。

上述情况存在多种安全隐患，如断路器、漏电保护器等电器元件动作迟缓、失灵；导线损伤形成断路；多根导线接在同一个接线端点并形成虚接；意外情况下PE线过载而断路。

六、配电线路敷设中的常见问题及引发的故障

（1）未选用通过国家强制性产品"CCC"认证电源线或电源线陈旧老化、绝缘层损坏，未通过计算选用电源线。

（2）五芯电缆线使用"4＋1"的形式，PE线用单芯电源线替代；用电缆线的保护铠甲作为PE线；电源线连接不牢固，防水或绝缘包缠不牢固。

（3）架空线路支架设置不牢固、支架间距大于35m；竖担设置不牢固、未使用绝缘子瓷瓶；电源线与绝缘子固定不

牢固。

（4）架空线路设置在脚手架、树干或临时设施上，架空线高度和电源线弧度距地面高度不符合现行规范要求。

（5）电缆线埋设深度小于0.8m；电缆线未使用砂子覆盖或电缆线上未使用硬质材料防护；电缆线过路地段或引出地面处未使用防护套管或其他防止机械损伤的措施。

（6）电源线沿墙敷设处理成地面明设；敷设电源线的墙面变形；固定电源线的支架或者线槽不牢固；金属线槽的电气连接松动。

（7）在建工程竖井、垂直孔洞内敷设的电源线未做到每层楼固定一处，水平敷设未做到刚性固定，最大弧度距离地面低于2m。

（8）PE线被混用或PE线未有明显的绿/黄双色标识，未将淡蓝色芯线作为N线；三相四线制配电的电缆未使用五芯电缆。

上述情况存在多种安全隐患，如电源线超负荷运行、PE线截面面积不能满足现行规范要求超载运行、电源线虚接、电源线接头包缠不防水、敷设方式未满足现行规范要求，造成电缆线损伤芯线变形、专用相线混接形成芯线超载等。

七、施工现场保护接零和重复接地中的常见问题及引发的故障

（1）未对有关的施工机械、设备（含手持电动工具）、照明灯具等设置保护接零，保护接零的PE线与设备的接线端子连接不牢固。

（2）未设置重复接地、未在规定的部位设置重复接地、重复接地的材料不合格、接地装置之间焊接不满足有关标准。

上述情况将导致保护零线和重复接地虚设，漏电情况发生时引发触电事故或电器火灾事故。

第二节 施工现场临时用电电气设备的故障

电气故障是指由于直接或间接的原因，用电设备、配电设备、施工机械设备损坏而不能正常运转的情况。

一、电动机的电气故障

电动机的一般故障，主要有轴承松动和磨损、绕组断路和短路、接线错误、负荷过重、转子振动、机械卡死等。这些故障将导致电动机负荷电流增大、升温过高、转子不转或转动状态异常等。

二、手动开关的电气故障

按钮开关、转换开关、隔离开关等手动或自动开关的一般故障，主要是因使用不规范或质量问题造成机构部分松动或触头接触不良等。

三、继电器和接触器的电气故障

继电器和接触器的一般故障，一是内部机构位置偏移或弹簧松动产生的触头接触不良；二是触头烧坏、氧化导致的触头之间接触不良；三是交流接触器因短路环断裂造成铁芯强烈振动。

四、断路器的电气故障

断路器的一般故障是操动失灵、绝缘故障、开断或关合性能不良、导电性能不良。

五、变压器的电气故障

变压器的一般故障多是线圈短路或断路、绕组间绝缘击穿，原因是电压过载、负荷过大、过热、受潮、受腐蚀等，使绝缘强度降低。

六、半导体元件的电气故障

半导体元件的一般故障是自身失效、极间击穿，也有因供电电源和负载线路的故障而损坏的情况。

七、电阻器和电位器的电气故障

电阻器的一般故障是由于电流过大而烧坏断路。电位器的一般故障是因为接点接触不良、转轴不灵活或电流较大而损坏。炭膜电位器的炭膜因磨损而造成接触不良，线绕电位器的电阻丝因电流过大而烧断。

八、电容器的电气故障

电容器是一种不易损坏的电器元件，但由于温度过高或绝缘降低等原因可使绝缘击穿而损坏。

第三节 电气故障产生的原因

一、电源方面

(1) 电压波动：正常情况下用电设备要求电压波动范围在 $\pm 5\%$。电压偏高时电气设备的寿命将大大缩短，电压偏低时电气设备又无法提供足够的功率。对额定负载运转的电动机来说，过载能力下降，电流增大，电机会加快发热速度，极易烧毁电机。

(2) 三相电源不平衡或缺相：极易造成电气设备损坏。

(3) 不同的电源频率：电气设备的工作性能将发生一系列变化，因此会引起电气设备工作异常和损坏。

(4) 电流增大：电气设备的工作温度增高，加快设备绝缘老化，使设备绝缘损坏。

二、电气设备内部因素

(1) 电动力与电流的大小关系密切，电动力可使导体变形，开关误动作，触头变形。

(2) 电弧是一种普遍的放电现象，它能量集中、温度高、易导电，因此破坏力极大。

(3) 安装工艺或导线质量等问题会导致接触不良、脱线、短路等故障。

(4) 元器件本身质量问题导致的各种故障。各种电气元器件都有使用期限，超过期限后其性能就会下降和失效。比如电机、变压器，超过使用期限后其绝缘性能下降。断电器、交流接触器和电位器长期使用，会使触头接触不良。断路器、漏电保护器等超期使用，内部机构位置会偏移或弹簧松脱。半导体器件、电阻器和电容器超期使用，会使阻值、容量和性能发生变化。

三、环境因素

(1) 环境温度：是影响电气设备正常工作的一个重要因素。环境温度过高会影响电气设备自然散热，导致电气设备温度增高，加快绝缘老化，严重时可烧毁绝缘层。

(2) 空气湿度过大：设备表面凝聚水分，将适合霉菌滋生，降低电气绝缘强度，加快金属的腐蚀，导致接触面氧化，接触电阻增大。

(3) 大气气压降低：空气密度下降，空气的绝缘强度也下降。空气散热能力降低，设备温度增加，灭弧能力降低，开断电流变小，在高海拔地区影响特别明显。

(4) 积尘太多：容易造成电气设备和线路的漏电、放电或触头接触不良，在高海拔地区影响特别明显。

(5) 雷电、振动、冲击：对设备的整体结构影响很大。
(6) 风、雨、雪等灾害性天气：会引起供电线路相间短路，甚至断线。

四、人为因素

操作者未按操作规程进行操作，可导致电气设备和线路无法正常工作或损坏。由于管理不善、违章作业，会造成供电线路的破坏。

第四节　临时用电系统故障及电气设备故障的排除

排除施工现场临时用电系统故障及电气设备故障，第一步是先检查确定故障，第二步是排除故障。一般情况下应按照观察现象、分析原因、实际测量和暴露故障的步骤反复检查，直至故障排除为止。

一、电气故障的检修原则

（一）先看后想

检修前要全面观察，然后结合专业理论知识和电气控制系统工作原理，分析和判断发生故障的范围和原因，寻找电气故障点。

（二）先外后内

检修时先进行外部检查，利用控制面板上的按钮、开关，结合建筑机械的各组成部分的功能动作情况，不断缩小检查范围，在电气设备的外部没有问题的情况下，再有针对性地进行内部检查。

（三）先简后繁

检修应先从易产生故障的部位开始，当确认没有问题时，再对不易测量和拆卸的地方进行检修。

(四) 先静后动

检修时应先断电进行静态检查,然后再通电进行动态检查。这样可以避免故障原因未查明前,因贸然通电造成新的故障或触电事故。

二、电气故障检修的基本方法

复杂的控制电路、用电设备涉及的线路多、电器元件多,故障发生后必须从许多可能的原因中通过分析、判断及测量的方法,将故障从整个系统中逐步地排除压缩到小的部件或元件上,这样的过程需要运用以下方法完成。

(一) 直觉法

采用类似中医治疗的"望、闻、切、问、听"的方法来发现异常情况的所在部位。

(1) 望:仔细察看各种电器元件的外观变化情况。如触点是否烧融、氧化、熔断器熔体是否熔断、热继电器是否脱扣、导线和线圈是否烧焦、热继电器整定值是否合适、瞬时动作整定电流是否符合要求等。

(2) 闻:靠近电动机、变压器、继电器、接触器、绝缘导线等处,查找气味的变化。如有焦味则表明电器绝缘层已被烧坏,主要原因是过载、短路或三相电流严重不平衡等故障所造成的。

(3) 切:用手触摸或轻轻推拉导线或电器的疑似部位,查找异常变化情况。如用手背抚拭电动机、变压器和电磁线圈表面,感觉温度是否过高。轻拉导线,看连接是否松动。轻推电器活动机构,看移动是否灵活等。

(4) 问:向操作人员了解故障发生前后的情况。如故障发生前是否过载、频繁启动和停止;故障发生时是否有异常声音、振动;有无冒烟、冒火等现象。

（5）听：主要听故障发生前后电气设备的声音变化情况。如听电动机启动时是否只"嗡嗡"响而不转，接触器线圈通电后是否噪声很大等。

（二）替代法

当怀疑某一部件或元件有故障时，可用好的同类部件或元件代替比较，这样能很快找到故障。应注意某些元件的损坏是因为电路过载所引起的，此时虽然更换了好的元件，但因故障还没有根本消除仍会损坏。

（三）测量法

就是用试电笔、万用表、钳形电流表、兆欧表等常用的测试工具和仪表，通过对电路进行带电或断电时的电压、电阻、电流等的测量，来判定电器元件的好坏、设备的绝缘以及线路的通断情况。

在用测量法检查故障点时，一要保证各种测量工具和仪表完好、使用方法正确，二要注重防止感应电、回路电及其他并联支路的影响，以免产生误判。常用的测量方法有电压分阶段测量法、电阻分阶段测量法和短接法等。

总之，以上的基本方法应根据实际情况具体分析、灵活运用。

三、电气故障检修时的注意事项

排除电气故障的目的是使建筑机械或用电设备恢复出厂时的性能而正常工作，因此在找出故障之后应及时修复。电气故障检修时，应注意以下几点：

（1）必须在找出故障的根本原因后，才能更换新元件。

（2）新更换的电器元件必须完好、合乎规格并符合原技术要求，使用不合适时应及时调整。

（3）在更换零件或进行拆装时，应细心、准确，避免损伤其他零件或部件。

第十一章 建筑电工安全技术操作规程

《建设工程施工安全技术操作规程》是指导建筑施工人员实际操作,防止违规作业、冒险蛮干,保证从业人员的人身安全的重要保障,是建筑施工各工种施工人员必须掌握的专业知识(图 11-1)。

图 11-1 建设工程施工安全技术操作规程

第一节 临时用电操作人员

(1)临时用电装置的安装、维修、搬迁、移动和拆卸必须由受过专门培训、取得特种作业操作证的电工完成。

(2) 各类用电人员必须遵守以下安全用电要求：

① 掌握安全用电的基本知识和所用机械、电气设备的性能。

② 在使用电气设备过程中负责保护所用设备的负荷线、保护零线、漏电保护器，开关箱和有关电气设备的防护设施等。

③ 在使用设备前，应对电气装置认真检查，并对开关箱中的漏电保护器进行试验，合格后做记录，确保用电安全。

④ 使用的设备停止工作时，必须将开关箱中的控制开关断开，并锁好开关箱。

第二节 配电室

(1) 配电室建筑物耐火等级不低于 3 级；室内应配置砂箱和适于扑救电气火灾的灭火器。

建筑物耐火等级是依据现行《建筑设计防火规范》GB 50016 划分的，具体划分标准如下。

一级耐火等级建筑：主要建筑构件全部为不燃烧性。

二级耐火等级建筑：主要建筑构件除吊顶为难燃烧性，其他为不燃烧性。

三级耐火等级建筑：屋顶承重构件为难燃性。

四级耐火等级建筑：防火墙为不燃烧性，其余为难燃性和可燃性。

(2) 配电室的门向外开，并配锁。

(3) 配电室的顶棚距地面不低于 3m。

(4) 在配电室内设置检修室时，该室距配电柜的水平距离应大于 1m，并采取屏障隔离。

(5) 配电室应能自然通风，保持干燥，并采取防止雨、雪和小动物进入的措施。

第三节　配电装置

(1) 配电柜单列布置宜靠墙安装，正面的操作通道宽度不小于1.5m。

(2) 配电柜双面维护的，正面操作通道宽度不小于2m，背面维护通道宽度不小于0.8m。

(3) 配电柜侧面的维护通道不小于1m。

(4) 配电室的裸母线与地面垂直距离小于2.5m时，采取遮栏隔离，遮栏下方通行高度不小于1.9m；遮栏与带电部分的净距离不小于0.75m。

(5) 配电装置的上端距顶棚不小于0.5m。

(6) 配电柜应与重复接地线及保护零线做电气连接。

第四节　临时用电配电线路

(1) 架空线路的电杆应采用钢筋混凝土杆或木杆。严禁在树木、脚手架等上架设用电线路。钢筋混凝土杆不得有露筋、环间裂纹和扭曲；木杆不得腐朽，其梢径不得小于140mm。

(2) 电杆埋设深度应为杆长的1/10加0.6m。在松软土质处应适当加大埋设深度或采用卡盘固定。

(3) 终端杆和转角杆应加装拉线或撑杆。拉线宜采用镀锌钢丝，其截面面积不得小于 $4.0mm^2$；拉线与电杆夹角应在30°～45°之间；拉线地锚埋设深度不小于1.0m；钢筋混凝土电杆的拉线应在高于地面2.5m处加装拉紧绝缘子。撑杆可采用混凝土杆或木杆；撑杆埋设深度不得小于0.8m，其底部应垫底盘或石块；撑杆与主杆的夹角以30°为宜。

(4) 架空线路横担可选用铁横担或木横担，铁横担角钢按表11-1选用。

第十一章 建筑电工安全技术操作规程

表 11-1　铁横担角钢型号

导线截面面积 （mm）	低压直线杆 角钢横担	低压承力杆角钢横担	
		二线及三线	四线及以上
16、25、35、50	L50×5	2×L50×5	2×L63×5
70、95、120	L63×5	2×L63×5	2×L70×6

（5）直线杆和15°以下的转角杆可采用单横担，但跨越机动车道时应采用单横担，双绝缘子；15°～45°的转角杆应采用双横担、双绝缘子；45°以上的转角杆应采用十字横担。

（6）架空线路的相序排列应符合下列规定：

① 在同一横担上和保护零线同时架设时，导线相序排列是面向负荷从左侧起为 L_1、N、L_2、L_3、PE。

② 动力线和照明线分别在两个横担下架设时，上层横担面向负荷，从左侧起为 L_1、L_2、L_3，下层从左侧起为 L_1（或 L_2、L_3）、N、PE。

（7）架空线路的挡距不得大于35m，线间距离不得小于0.3m。架空线路在一个挡距内每一层导线的接头数不得超过该层线数的50%，且一根导线只允许有一个接头。但在跨越铁路、公路、河流及其他电力线路时，挡距内不得有接头。

（8）埋地电缆的敷设应符合以下要求：

① 敷设深度不小于600mm，并在电缆上、下均匀铺设50mm厚的细砂，然后覆盖砖等硬质保护层，其埋设路径应设方位标志。

② 埋地电缆线路与其附近热力管道的平行间距不得小于2m，交叉间距不得小于1m。

③ 埋地电缆穿越建筑物、构筑物、道路等易受机械损伤的场所，以及引出地面从2.0m高至地下0.2m处必须加设防护套管。

④ 埋地电缆的接头应设在地面上的专用接线盒内，接线盒应能防水、防尘、防机械损伤，并远离易燃、易爆、易腐蚀的场所。

（9）架空电缆敷设应符合以下要求：

① 架空电缆应使用绝缘子固定在墙壁或电杆上，绑扎电缆必须用绝缘线（带）。固定绑扎严禁使用金属裸线。

② 架空电缆的挡距应保证电缆能承受自重所带来的荷重。

③ 架空电缆的最大弧垂点距地面不得小于2.5m。

（10）进入在建工程的临时用电电缆线路必须采用埋地引入，其垂直敷设位置应充分利用在建工程的竖井、垂直孔洞等，并应靠近用电负荷中心，固定点以每层楼高度不少于一处为宜。在在建工程内水平敷设时，宜沿墙固定，其最大弧垂点距地面不得小于1.8m。

（11）电缆接头应牢固、可靠，并使用绝缘物包扎，接头不得承受张力。

（12）电缆线路不得沿地面明设。

（13）室内配线应采用瓷瓶、瓷（塑料）夹敷设。配线距地面高度不得小于2.5m。

（14）进户线过墙应穿管保护，距地面高度不得小于2.5m。其室外端应采用绝缘子固定，并应采取防雨措施。

（15）潮湿场所或非埋地电缆配线必须穿管敷设。管口应密封，采用金属管敷设时，金属管应做保护接零。

（16）室内钢索配线应符合以下要求：

① 吊架间距不宜大于12m。

② 导线采用瓷夹固定时，导线间距不小于35mm，瓷夹间距不大于800mm。

③ 导线采用瓷瓶固定时，导线间距不小于0.1m，瓷瓶间距不大于1.5m。

④ 采用护套绝缘导线时，可直接敷设于钢索上。

第五节　控制设备及接地与接零

（1）临时用电的配电柜、配电箱及开关箱必须在技术上采取合理的组成结构形式。

（2）临时用电配电系统应分级设置，即在总配电柜下设分配电箱，分配电箱以下设开关箱，所有用电设备必须从各自专用的开关箱中取得电源。分配电箱的层次视施工现场规模、用电容量或用电设备数量而定，使施工现场临时用电形成层次清晰的三级配电和二级保护系统。

（3）漏电保护器的使用应符合以下规定：

① 施工现场临时用电实行二级漏电保护，即总配电柜设一级漏电保护器，开关箱设一级漏电保护器。

② 应选择电流动作型漏电保护器。

③ 开关箱内的第二级漏电保护器必须选择额定漏电动作电流小于 30mA、额定漏电动作时间小于 0.1s 的快速型漏电保护器。

④ 在有泥浆水和特别潮湿的施工场所，应选用额定漏电动作电流小于 15mA、额定漏电动作时间小于 0.1s 的防溅型漏电保护器。

⑤ 上级漏电保护器与下级漏电保护器的技术参数应当匹配。

（4）配电箱、开关箱及箱内安装的开关电器在正常情况下不带电的金属部分均应做可靠的保护接零。

（5）配电箱、开关箱内必须设置在任何情况下都能够分断、隔离电源的开关电器。

（6）开关箱与用电设备之间实行"一机一闸一漏一箱"制。

（7）照明配电宜与动力配电分设，自成独立配电系统。

（8）在设有专用保护零线（TN-S 保护系统）的施工现场内，应将专用保护零线重复接地，重复接地点应不少于 3 处，每一重复接地装置的接地电阻值应不大于 10Ω。

（9）在设有专用保护零线的施工现场，下列电气设备在正常情况下不带电的外露可导电部分应与专用保护零线连接：

① 电机、变压器、电器、照明器具、电动机械、电动工具的金属外壳、基座。

② 电气设备传动装置的金属部件。

③ 配电屏（盘）和控制屏的金属框架。

④ 室内外配电装置的金属构架、箱体及靠近带电部分的金属围栏和金属门。

⑤ 电力线路的金属保护管、敷设钢索、起重机轨道、滑升模板的金属操作平台等。

⑥ 电力线路电杆上的开关、电容器等电气装置的金属外壳及支架。

第六节　配电箱与开关箱的维护

（1）配电箱与开关箱在正常情况下检查维修周期以一个月一次为宜。

（2）配电箱、开关箱内的开关电器应当保持整洁、干燥，电箱内不得放置任何杂物。

（3）配电箱、开关箱不得另行挂接其他临时用电设备。

（4）配电箱、开关箱中的电器元件损坏后要立即更换，规格、型号要符合国家质量标准和安全要求，禁止使用非标准或不合格的产品代替。

（5）配电箱、开关箱的进出线应避免受外力，并应严格防止与金属利刃和强腐蚀介质接触。

第七节 照 明

（1）施工现场宜设置单独的照明用电回路。在停电后作业人员需要及时撤离现场的特殊工程，必须装设自备电源的应急照明装置。

（2）照明灯具的金属外壳必须做保护接零。单相照明回路的照明开关箱内必须装设漏电保护器。

（3）一般场所宜选用额定电压为220V的照明器。对下列特殊场所应使用安全电压照明器：

① 隧道、人防工程，有高温、导电灰尘或灯具距地面高度室外低于3m、室内低于2.4m，电源电压不得大于36V。

② 使用行灯，其电源电压不得大于36V。

③ 在潮湿和易触及带电体的场所，照明电压不得大于24V。

④ 在特别潮湿场所和金属容器内工作，照明电源电压不得大于12V。

（4）照明系统中的每一单相回路上，灯具和插座数量不得超过25个，并应装设熔断电流在15A以下的熔断器保护。

（5）碘钨灯的使用应符合以下规定：

① 电源电压为220V的碘钨灯宜作为固定式照明灯具，安装高度不得低于3m，倾斜不大于4°，其金属外壳应做保护接零。

② 碘钨灯作为移动式照明灯具时，电源电压应采用36V电源电压。当移动不频繁时，也可采用220V电源电压，但应按Ⅰ类手持式电动工具要求，除金属外壳应做保护接零外，还应加装漏电保护器，移动人员应穿戴绝缘防护用品。

（6）钠、铊、铟等金属卤化物灯具的安装高度宜在5m以上，灯线应在接线柱上固定，不得靠近灯具表面。

（7）照明灯具与易燃物之间，应保持一定的安全距离，普通灯具不宜小于300mm，碘钨灯等高热灯具不宜小于500mm，且不得直接照射易燃物。当间距不够时，应采取隔热措施。

（8）螺口灯头及接线应符合以下规定：

① 相线接在与中心触头相连的一端，零线接在与纹口相连的一端。

② 灯头的绝缘外壳不得有损伤和漏电。

（9）所有电器、灯具的相线必须经开关控制，不得将相线直接引入电器、灯具。

（10）灯具内的接线必须牢固，灯具外的接线必须做可靠的绝缘包扎。

（11）对夜间影响飞机或车辆通行的在建工程及机械设备，必须设置醒目的红色信号灯。信号灯和总配电室工作照明灯的电源应设在施工现场电源总开关的前侧。

第八节 自备电源

（1）自备发电机组一般设置在室内，并靠近配电室。

（2）自备发电机组排烟管必须伸出室外。安装发电机组的室内及周围除为发电需要临时存放的贮油桶外，严禁存放大量油桶和易燃易爆物品。

（3）自备发电电源与外电线路电源在电气上必须联锁，且两者不得并联同时供电。

为了防止自备发电机向供电系统反送电，供电部门明确要求安装自备发电机，必须采取可靠的机械联锁措施。实现机械联锁的主要方法有以下三种：一是在低压开关柜上安装机械程序锁；二是采用单刀双投隔离开关；三是采用具有机械联锁功能的断路器。

JSN2型机械程序锁适用范围广，可实现发电机和两路供电系统电源之间的闭锁,但缺乏应用经验;单刀双投隔离开关闭锁可靠,但容量较小,不适用于大电流回路;具有机械联锁功能的断路器,目前只能实现发电机和一路供电系统电源之间的闭锁。三种机械联锁方法均适用于在停电时不要求自备发电机自动启动的低压供电系统。

(4) 施工现场临时用电工程采用专用保护零线的中性点直接接地的供配电系统时,自备发配电组应采用三相四线制中心点直接接地系统。

(5) 自备发电机组电源系统的接地、接零保护系统应独立设置,与外电电源线路不得有任何电气连接。

(6) 操作发电机组时应遵守下列规定:

① 按发电机组使用说明书规定的方法启动发电机组。

② 观察控制屏上述各仪表的指示是否正常,待发电机组空载运行符合规定要求时,方可加载。

③ 在完成上述准备工作后,按发电机组出厂说明书规定的操作程序,向外供电。

④ 机组工作时必须注意监视控制屏和机组上各仪表的指示是否正常,其数值是否在允许的范围内。

⑤ 经常检查机组的运行情况,观察有无不正常振动、噪声,各安装连接件有无松动现象,以及发电机集电环有无不正常的电火花。

⑥ 停机前卸掉负荷,停止向外供电。

⑦ 机组连续工作时,除进行日常维护保养外,还应在每日或机组累计运行 200~500h 后,进行一次维修保养。

第九节　安全检测记录和电工维修记录

(1) 安全检测的主要内容包括:临时用电工程检查验收表、电气设备的试、检验凭单和调试记录;接地电阻测定和定期复测记录表等。

（2）每季度应进行一次接零、接地保护装置接地电阻值的复测。

（3）对电气设备的维修处理结果、事故维修的因果分析等记录在电工维修记录本中。临时用电工程的拆除程序、方法和采取的安全防护措施等也应做详细记载。

参考文献

[1] 中华人民共和国住房和城乡建设部.建设工程施工现场供用电安全规范：GB 50194—2014[S].北京：中国计划出版社，2015.

[2] 中华人民共和国国家质量监督检验检疫总局，中国国家标准化管理委员会.手持式、可移式电动工具和园林工具的安全 第1部分：通用要求：GB 3883.1—2014[S].北京：中国标准出版社，2015.

[3] 中华人民共和国国家质量监督检验检疫总局，中国国家标准化管理委员会.手持式电动工具的管理、使用、检查和维修安全技术规程：GB/T 3787—2017[S].北京：中国标准出版社，2017.

[4] 中华人民共和国建设部.施工现场临时用电安全技术规范：JGJ 46—2005[S].北京：中国建筑工业出版社，2005.

[5] 建筑施工特种作业人员安全技术培训教材编审委员会.建筑电工[M].北京：中国建筑工业出版社，2019.